Thomas Hummel
Christian Malorny

Total Quality Management

Tipps für die Einführung

4. Auflage

HANSER

Bibliografische Information der Deutschen Nationalbibliothek
Die Deutsche Nationalbibliothek verzeichnet diese Publikation in der Deutschen Nationalbibliografie; detaillierte bibliografische Daten sind im Internet über http://dnb.d-nb.de abrufbar.

© 2011 Carl Hanser Verlag München
http://www.hanser.de

Lektorat: Lisa Hoffmann-Bäuml
Herstellung: Thomas Gerhardy
Umschlaggestaltung: Parzhuber & Partner GmbH, München
Umschlagrealisation: Stephan Rönigk
Druck und Bindung: Kösel, Krugzell
Printed in Germany

ISBN 978-3-446-41609-3

Inhalt

1 Einleitung –
Total Quality Management (TQM)

Immer mehr Unternehmen erkennen, dass dem schärferen Wettbewerb und den geschäftlichen Unsicherheiten mit herkömmlichen Unternehmensführungskonzepten nicht mehr begegnet werden kann. Jahrzehntelang bewährte, in unserem Denken fest verankerte Grundsätze und Leitbilder unternehmerischen Handelns stehen angesichts neuer globaler Rahmenbedingungen verstärkt auf dem Prüfstand. Dieser Prozess mündet vielfach in ein Suchen nach neuen Konzepten für Produktivitätsverbesserung, Ertragsstrategie und Markterfolg. Total Quality Management (TQM) stellt ein besonders aussichtsreiches Konzept dar.

Die deutsche Fassung DIN EN ISO 8402 der international gültigen Norm übersetzt Total Quality Management mit „Umfassendes Qualitätsmanagement" und definiert es als „… *auf der Mitwirkung aller ihrer Mitglieder gestützte Managementmethode einer Organisation, die Qualität in den Mittelpunkt stellt und durch Zufriedenstellen der Kunden auf langfristigen Geschäftserfolg sowie auf Nutzen für die Mitglieder der Organisation und für die Gesellschaft zielt.*"

In Bild 1 ist der Aufbau der Definition, ergänzt durch weitere Anmerkungen, dargestellt.

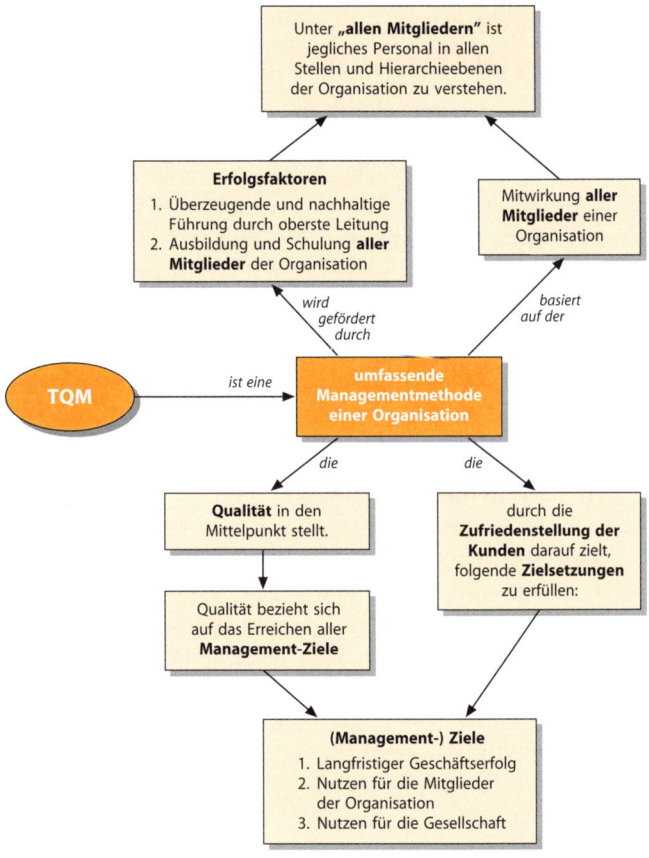

Bild 1: *Aufbau des TQM*

TQM wird als weit reichendster (Qualitäts-)Ansatz angesehen, der für ein Unternehmen denkbar ist. Das folgende Bild zeigt Grundpfeiler des TQM, gegliedert nach den drei

Bestandteilen des Begriffs. Jeder Buchstabe steht für einen wichtigen Inhalt:

► „T" für **Total,** das heißt Einbeziehen aller Mitarbeiter/Mitarbeiterinnen (im Folgenden wird zu Gunsten der Lesefreundlichkeit auf geschlechtsspezifische Fallunterscheidungen verzichtet), aber auch ganz besonders der Kunden und Lieferanten, weg vom isolierten Funktionsbereich, hin zum ganzheitlichen Denken.

► „Q" steht für **Quality,** Qualität der Arbeit, der Prozesse und des Unternehmens, aus denen heraus die Qualität der Produkte wie selbstverständlich erwächst.

► „M" steht für **Management** und hebt schließlich die Führungsaufgabe „Qualität" und die Führungsqualität hervor. Insofern kann TQM aus dem Blickwinkel der Wissenschaft als Führungslehre, aus Sicht der Unternehmen als Führungsmodell gelten.

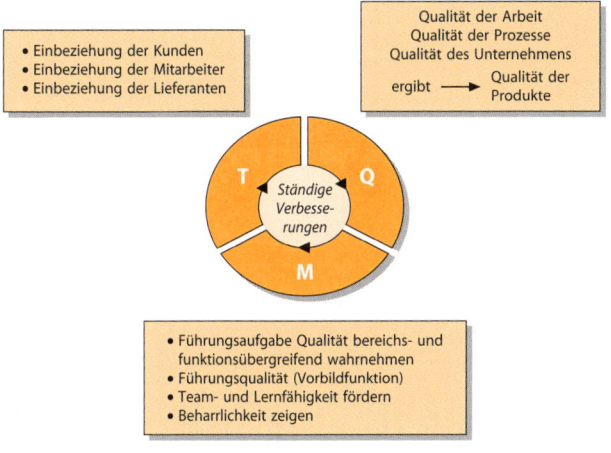

Bild 2: *Grundpfeiler des TQM*

TQM eignet sich dabei sowohl für kleine und mittlere als auch für global agierende Konzerne. Gerade im Zeitalter einer zunehmenden internationalen Wirtschaft mit cross-kulturellen Wertschöpfungsketten kann TQM das sichere Fundament einer erfolgreichen Unternehmensführung darstellen.

In Europa hat die European Foundation for Quality Management (EFQM), eine Stiftung namhafter europäischer Industrieunternehmen, bereits 1987 ein TQM-Modell für Europa entwickelt, das heute den Namen „EFQM Excellence Modell" trägt. Dieses dient, auf Basis von neun Kriterien, der jährlichen Verleihung des European Quality Award an europäische Spitzenunternehmen auf dem Gebiet des TQM. Nach diesen Kriterien wird seit 1998 auch der Ludwig-Erhard-Preis, die deutsche Auszeichnung für hierzulande ansässige exzellente Unternehmen, vergeben. Dieser wird getragen von den Spitzenverbänden der deutschen Wirtschaft sowie dem Verein Deutscher Ingenieure (VDI) und der Deutschen Gesellschaft für Qualität (DGQ).

TQM ist als Führungsmodell mit Qualität als gemeinsamen Nenner auf Verständnis im Unternehmen angewiesen. Ist dieses gefunden, bietet es große Chancen und beste Erfolgsaussichten:

▶ Die Qualität der Unternehmensprozesse beeinflusst die gesamte Kosten- und Wertschöpfungsstruktur. Zahlreiche Studien zeigen, dass die Rendite überdurchschnittlich steigt, wenn die Prozessqualität verbessert wird und so Verschwendungen konsequent verringert und vermieden werden.

▶ Höhere Produktqualität steigert Umsatz und Marktanteile, wenn sie auf Kundennutzen ausgerichtet ist und vom

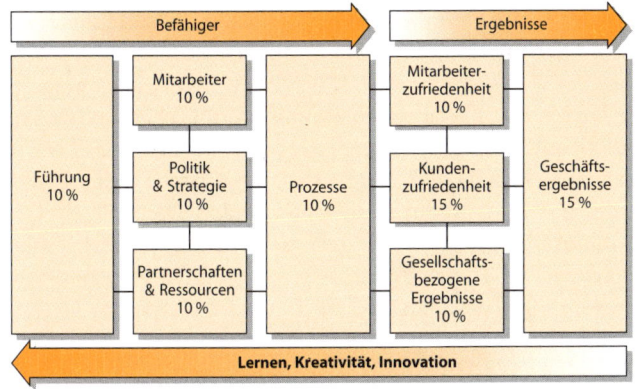

Bild 3: *Das „EFQM Excellence Model"*

Quelle: EFQM, 2010.

Kunden in Form überlegener Produktmerkmale und Dienstleistungen wahrgenommen wird.

Aufbau des Buches

In der Praxis haben zahlreiche Unternehmen damit begonnen, TQM einzuführen. Mit der Zahl der Anwender vergrößert sich auch die Zahl der Erfahrungs- und Erfolgsberichte. Es entsteht eine ständig wachsende Sammlung von Fallbeispielen, die verschiedene Wege zum TQM aufzeigen; dabei werden regelmäßig spezifische Branchen- und Unternehmensbedingungen berücksichtigt. Die vielfältigen Einzelbeispiele erschweren es, den gemeinsamen Nenner bzw. die zugrunde liegenden Prinzipien der Aktivitäten zu erkennen, ohne deren Wissen TQM nur nachgeahmt, und damit im Unternehmen nicht voll entfaltet werden kann. Auf der anderen Seite sind die oben aufgeführten „Grundpfeiler des TQM" so abstrakt, dass eine praktische Umsetzung schwer fällt.

Dieses Buch verfolgt einen anwendungsorientierten Weg auf Grundlage von 14 Prinzipien, auf die sich die überwiegende Mehrheit aller TQM-Aktivitäten zurückführen lässt. Jedes Prinzip wird durch die Unterpunkte „Worum geht es?", „Was bringt es?" und „Wie gehe ich vor?" gegliedert. Ergänzend werden Tipps 👍 und Hinweise auf Hürden und Stolpersteine 🏁 gegeben.

Die Prinzipien des TQM lauten:

1. Neue Sichtweise verinnerlichen
2. Engagement der Geschäftsführung
3. Führungskräfteentwicklung
4. Mitarbeiterorientierung
5. Kundenorientierung
6. Lieferantenintegration
7. Strategische Ausrichtung auf Basis von Grundwerten und festem Unternehmenszweck
8. Ziele setzen und verfolgen
9. Präventive Maßnahmen der Qualitätssicherung
10. Ständige Verbesserung auf allen Ebenen – Kaizen anwenden
11. Prozessorientierung
12. Schlankes Management
13. Benchmarking
14. Qualitätscontrolling

2 Die Prinzipien des TQM

2.1 Neue Sichtweise verinnerlichen – Qualität als oberstes Unternehmensziel begreifen

WORUM GEHT ES?

Bessere Qualität kostet weniger, nicht mehr! Deutlicher lässt sich die neue Sichtweise nicht ausdrücken. Die Aussage widerspricht der verbreiteten (alten) Sichtweise, nach der höhere Qualität als unvereinbar mit einer einhergehenden höheren Produktivität gilt. Qualität und Produktivität stehen nach der alten Sichtweise in einem Entweder-oder-Verhältnis.

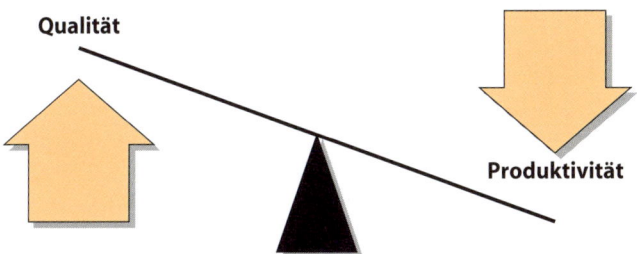

Bild 4: *Alte Sichtweise – Qualität und Produktivität stehen in einem Entweder-oder-Verhältnis*

Wieso muss von dieser alten Ansicht Abstand genommen werden? Einfacher ausgedrückt: Warum erhöht sich die Produktivität mit steigender Qualität? Die Antwort lautet: Durch bessere Qualität der Prozesse verringern sich Nacharbeit, Verschwendung und vor allem Fehler.

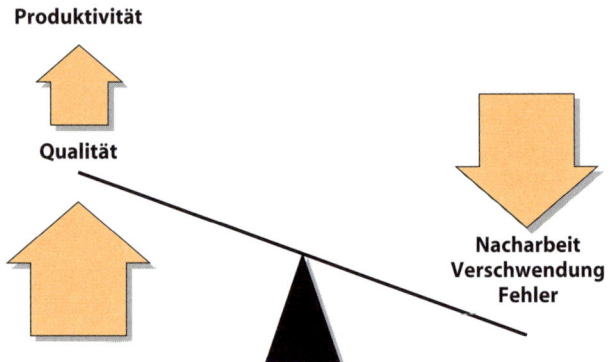

Bild 5: *Neue Sichtweise – höhere Qualität kostet weniger, nicht mehr!*

Die alte Ansicht betrachtet nur die Qualität der Produkte, sie berücksichtigt nicht, wie Produktqualität entsteht. Die neue Sichtweise erweitert den Qualitätsbegriff um die Qualität der Prozesse und beachtet so, dass hochwertige Produktqualität das Ergebnis hervorragender Prozessqualität sein muss. Hervorragende Prozessqualität bedeutet hohe Prozessfähigkeit, d. h. gegen Störungen unanfällige, robuste, statistisch beherrschte Prozesse, die auf Bestände und Puffer aller Art weit gehend verzichten können (vgl. Prinzip 12).

Die neue Sichtweise verdeutlicht, dass Qualität der Schlüssel zur Produktivität ist.

Höhere Prozessqualität bewirkt

▶ bessere Maschinenauslastung,
▶ kürzere Materialdurchlaufzeiten,
▶ geringere Materialvorräte,
▶ bessere Produktqualität sowie
▶ weniger Ausschuss und Nacharbeit

Höhere Produktqualität bewirkt

▶ verbesserte Funktionalität und Zuverlässigkeit,
▶ verringerte Fehlerkosten aus Gewährleistung und Kulanz,
▶ verringerte Fehlerbeseitigungskosten und
▶ steigende Zufriedenheit der Kunden.

Die Deming'sche Reaktionskette – benannt nach einem prominenten Mitbegründer der Qualitätswissenschaft, dem Amerikaner W. E. Deming – veranschaulicht die neue Sichtweise und ihre Bedeutung für den Fortbestand eines Unternehmens.

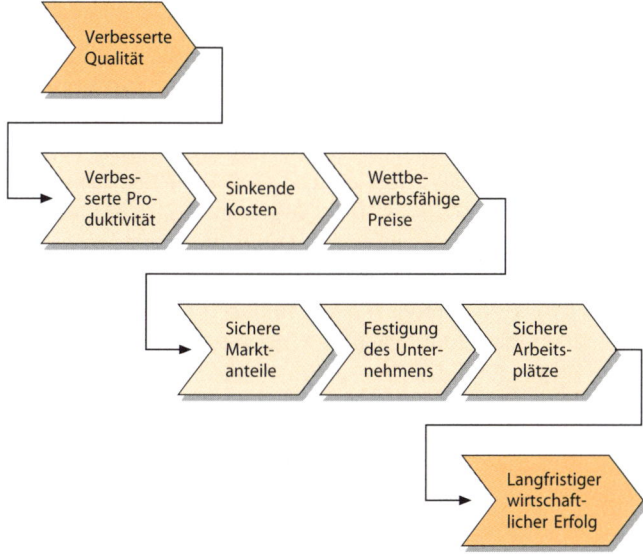

Bild 6: *Deming'sche Reaktionskette*

WAS BRINGT ES?

Durch die neue Sichtweise, die Qualität an die erste Stelle stellt, kann das „Spannungsdreieck" zwischen Qualität, Kosten und Zeit aufgelöst werden. Die alte Sichtweise verfolgt eine Optimierung durch eine ausgewogene Faktorengewichtung; dadurch verschwimmen jedoch die Unternehmensziele, da einzelne Faktoren, je nach Unternehmenssituation, abwechselnd in den Vordergrund gestellt werden – meistens auf Kosten der anderen: Gestern musste die Produktqualität herausragend sein, heute muss unbedingt ein Liefertermin eingehalten werden, und morgen stehen die Kosten im Vordergrund. Dieser ständige Wechsel der Zielsetzung verwirrt die Mitarbeiter und untergräbt die Glaubwürdigkeit der Vorgesetzten.

Die neue Sichtweise löst den traditionellen Konflikt zwischen Qualität, Kosten und Zeit auf – und zwar durch die Betrachtung der Prozessqualität. Zum einen führt das neue Denken über die ständige Verbesserung (vgl. Prinzip 10) der Prozessqualität zur Verringerung des Fehlleistungsaufwands, d. h. zur Kostenreduzierung. Zum anderen gewährleistet erst eine hohe Prozessqualität einen störungsfreien Material- und Informationsfluss und damit kurze Liefer- und Entwicklungszeiten. Kosten und Zeit werden zu einem Qualitätsmerkmal und Qualität wird zum obersten, strategischen Ziel, auf das das Unternehmen, ohne Wechsel der Priorität, ausgerichtet wird.

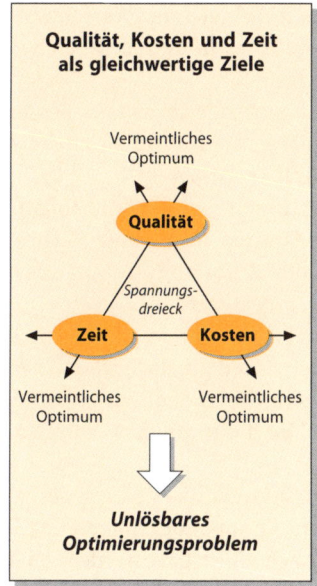

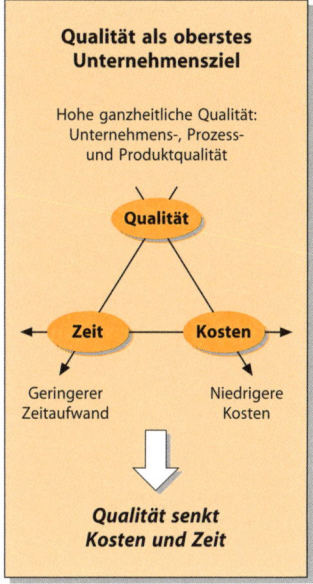

Bild 7: *Spannungsdreieck zwischen Qualität, Kosten und Zeit*

WIE GEHE ICH VOR?

Neue Sichtweise durch Erfahrungen und Beispiele im eigenen Arbeitsbereich verinnerlichen

Die neue Sichtweise lässt sich gut durch Erfahrungen und Beispiele im eigenen Arbeitsbereich und Umfeld verinnerlichen. Persönliche Erfahrungen können häufig bestätigen, dass steigende Qualität Kosten und Zeitaufwand senkt und die Produktivität steigert. Die folgenden Fragen können die Suche nach passenden Beispielen unterstützen:

▶ Wo ist der Anteil an Nacharbeit, Fehlern und Verschwendung besonders hoch, und wie ist es in diesen Bereichen um die Qualität der Prozesse bestellt?

▶ Durch welche Maßnahmen könnten Nacharbeit, Fehler oder Verschwendung verringert werden? Wird durch diese Maßnahmen die Prozessqualität verbessert?

▶ Wo und warum stehen Maschinen und Arbeitsabläufe still? Könnten diese Stillstandszeiten durch eine Verbesserung des Materialflusses oder Erhöhung der Zuverlässigkeit der Betriebsmittel verringert werden?

▶ Wie viel Zeit wenden Sie für korrigierende Maßnahmen auf; wie groß ist bei Ihnen der Anteil an Nacharbeit oder gar Ausschuss; wie viel Zeit geht Ihnen dadurch verloren, dass die Arbeitsbedingungen Sie daran hindern, alles sofort richtig zu machen?

▶ Wann und wo wurde die Produktqualität vernachlässigt, um Zeit oder Kosten zu sparen? Konnten durch diese Maßnahmen Kosten und Zeit wirklich eingespart werden, oder wurden Probleme nur auf nachgelagerte Arbeitsbereiche verlagert, wo sie später durch aufwendige Nacharbeit beseitigt werden mussten? Erhalten auch Sie Vorleistungen von Kollegen und Mitarbeitern, die nicht den Qualitätsanforderungen entsprechen und Ihre eigene Arbeit erschweren? Wie viel Zeit und Kosten könnten Sie sparen, wenn Sie nur fehlerfreie Teile weiterverarbeiten würden?

• Diskutieren Sie mit möglichst vielen Mitarbeitern über die neue Sichtweise und tauschen Sie Beispiele und Erfahrungen untereinander aus. Dadurch wird das neue Qualitätsverständnis mit Leben gefüllt.

• Stellen Sie in Gesprächen mit Mitarbeitern oder Kollegen vor allem den Nutzen der neuen Sichtweise für den Gesprächspartner heraus.

Alle dargestellten Prinzipien dieses Buches vor dem Hintergrund der neuen Sichtweise betrachten

TQM stellt Qualität an die erste Stelle; alle Maßnahmen und Veränderungen, die dadurch getroffen bzw. vorgenommen werden, haben die Verbesserung der Qualität zum Ziel. Das gilt auch für die in diesem Buch dargestellten Prinzipien: Sie sind Ausprägungen der hier dargestellten neuen Sichtweise – die Verbesserung der Qualität ist ihr gemeinsamer Nenner.

• Beantworten Sie für alle folgenden Prinzipien die Frage: Welchen Beitrag kann Prinzip XY zur Verbesserung der Qualität in meinem Arbeitsbereich leisten? Sammeln Sie möglichst viele konkrete Beispiele, die die Beziehung zur neuen Sichtweise veranschaulichen.
• Versuchen Sie so viele Querverbindungen wie möglich zwischen den Prinzipien herzustellen, die für Ihre spezifische Situation einen Sinn ergeben. Dadurch können Sie erkennen, dass das Gesamtkonzept von TQM mehr ist als die Summe von Einzelmaßnahmen. Fragen Sie sich z. B., welche Beziehung zwischen Kundenorientierung, Mitarbeiterorientierung, Führungskräfteentwicklung und ständiger Verbesserung auf allen Ebenen besteht?

Kann eines dieser Prinzipien ohne die anderen die Qualität der Arbeit, der Prozesse, des Unternehmens und der Produkte in vollem Umfang verbessern? Die Beantwortung dieser Fragen kann helfen, die Bezeichnung umfassendes Qualitätsmanagement besser zu verstehen.

2.2 Engagement der Geschäftsführung – die Rolle des Vorbilds ausfüllen

WORUM GEHT ES?

Die Einführung von TQM ist eine strategische Entscheidung, die u. a. eine Veränderung der gesamten Unternehmensstrukturen nach sich ziehen kann. Solche Veränderungen können bei Führungskräften und Mitarbeitern auf Widerstand stoßen, da z. B. der Verlust von Besitzständen befürchtet wird. Nicht zuletzt deshalb muss die Veränderung geführt und aktiv vorangetrieben werden, und zwar von der Geschäftsführung. Die Führungsaufgabe „Qualität" kann dabei nicht an einen TQM-Koordinator oder Manager delegiert werden, da diese in der Regel nicht über die notwendige Autorität und Akzeptanz im Unternehmen verfügen, um einschneidende Veränderungen herbeizuführen. Die Geschäftsführung muss ihre Führungsaufgabe wahrnehmen und durch vorbildliches Verhalten den Veränderungsprozess aktiv gestalten. Es ist entscheidend, dass sich die Mitglieder der Geschäftsführung über die Einführung von TQM einig sind. Sie übernehmen die Vorbildfunktion; unentschlossenes und widersprüchliches Auftreten erzeugt Unsicherheit bei den Mitarbeitern und führt zum Misserfolg. Nur wenn sich die Führung klar und unmissverständlich für Qualität entscheidet und diese Entscheidung durch entsprechendes Handeln untermauert, können die Kräfte freigesetzt werden, die für die Veränderung und Einführung von TQM notwendig sind.

WAS BRINGT ES?

Der Nutzen des Engagements der Geschäftsführung wird erst dann deutlich, wenn notwendige Veränderungen ohne aktive und eindeutige Unterstützung „von ganz oben" durchgeführt werden müssen: Ohne den Machtpromotor „Geschäftsführung" können einzelne Mitarbeiter in Schlüsselpositionen notwendige Veränderungen verhindern oder gezielt verlangsamen, um materielle und immaterielle Besitzstände vor Veränderungen zu schützen. Das Engagement der Geschäftsführung bewirkt im Einzelnen Folgendes:

▶ Mit dem Engagement für TQM nimmt die Geschäftsführung ihre Vorbildfunktion wahr, dies gibt den Mitarbeitern Sicherheit und Gewissheit für ihren eigenen Einsatz.

▶ Mit dem Engagement der Geschäftsführung steht ein Machtpromotor zur Verfügung, der die grundlegenden und weit reichenden Veränderungen durchsetzen kann, die die Einführung von TQM mit sich bringt.

▶ Mit dem Engagement der Geschäftsführung wird Qualität zur Chefsache.

WIE GEHE ICH VOR?

Interesse bei der Geschäftsführung wecken,
die Einführung von TQM zu beschließen

Der Idealfall liegt vor, wenn die Geschäftsführung TQM selber entdeckt hat und es einführen möchte. Da TQM das ganze Unternehmen erfasst, muss ein Beschluss der obersten Leitung zur Einführung vorliegen und allen Mitarbeitern bekannt gemacht werden.

Wenn eine untergeordnete Stelle die Initiative ergreift, muss deren erstes Ziel sein, die Geschäftsführung zunächst von TQM zu überzeugen, bevor diese dann die Einführung von TQM beschließt. Für den einzelnen Mitarbeiter, der die neue Sichtweise der Qualität verinnerlicht (vgl. Prinzip 1) und deren Bedeutung für die hier beschriebenen Prinzipien verstanden hat, bedeutet dies, dass er Überzeugungsarbeit bei Vorgesetzten, Kollegen und Mitarbeitern zu leisten hat. Manche machen dabei die Erfahrung, dass der Prophet im eigenen Land wenig zählt. Hier kann das Hinzuziehen eines anerkannten und überzeugenden externen Experten zu einer positiven Entscheidung beitragen.

Bei der Einführung von TQM sind die Rechte des Betriebsrates nach BetrVG zu beachten:

▶ Informationsrechte
  • allgemeiner Informationsanspruch in der Planungsphase über Art der Maßnahmen und ihre Auswirkungen auf die Beschäftigten, § 80 Absatz 2 BetrVG
  • bei der Einführung von TQM über Planungen zur Qualifizierung und Einführung von Qualitätszirkeln, §§ 96, 97 BetrVG
▶ Beratungsrechte
  • bei Einführung von Gruppenarbeit, § 92 BetrVG
  • bei Integration von Prüfaufgaben, § 90 BetrVG
  • bei Einführung neuer Arbeitsmethoden, § 106 BetrVG
  • über Wirtschaftsausschuss bei „Outsourcing" (Ausgliederung von Betriebsteilen), § 111 BetrVG.
▶ Mitbestimmungsrechte
  • in Fragen der Berufsbildung, §§ 96–98 BetrVG
  • bei der Durchführung von Systemaudits, § 94 Abs. 1 BetrVG

- bei Änderung des betrieblichen Vorschlagswesens, § 87 Abs. 1 Nr. 12 BetrVG
- bei Versetzungen (personelle Einzelmaßnahmen), § 99 BetrVG

 Stellen Sie den Nutzen von TQM heraus, denn nichts ist im Unternehmen so kraftvoll, wie der Nachweis der Wirtschaftlichkeit.

Auf den Start kommt es an – auf was Sie achten sollten: In der Diskussion mit Führungskräften über hemmende Faktoren, die den Start mit TQM im Unternehmen erschweren, tauchen vor allem immer wieder sechs Punkte auf:

Inhalte werden nicht begriffen

Auf den ersten Blick erscheinen die Inhalte des TQM nicht schwierig. Deshalb ist es leicht, sich die Prinzipien anzuhören und sie als selbstverständlich abzutun. Durch die scheinbare Einfachheit der Inhalte wird dann häufig auch auf eine einfache Umsetzung im Unternehmen geschlossen.

Prinzipien des TQM werden nicht erkannt

Die Ansätze des TQM sind subtil und vielschichtig. Sie zielen nicht direkt auf die Verbesserung der Produktqualität, stattdessen haben sie das Verhalten von Führungskräften und Mitarbeitern im Blick. Die Geschäftsführung erkennt oftmals nicht, dass deshalb ein qualitätsorientiertes Führungsverständnis entwickelt werden muss. Sie vertritt häufig die Meinung, Qualität könne delegiert werden und ihr Engagement sei nicht oder nur begrenzt erforderlich.

Voraussetzungen fehlen

Eine weitere Ursache für den Misserfolg bei der Einführung des TQM ist das Verharrungsvermögen traditioneller Organisationsstrukturen: Die Einführung wird unwillkürlich scheitern, wenn verkrustete Organisationsstrukturen mit vielen Hierarchiestufen nicht aktiv aufgebrochen werden. Problematisch ist hier vor allem eine auf kurzfristige Gewinne ausgelegte Unternehmenskultur, verknüpft mit autoritärem Führungsverhalten. Erfolge ergeben sich beim TQM aus Veränderungen und Verbesserungen. Rasche Erfolge ohne wirkliche Veränderungen sind unrealistisch, werden sie dennoch erwartet, so ist ein ebenso rasches Scheitern häufig vorprogrammiert.

TQM wird als Projekt verstanden

Ein weiterer Fehler besteht darin, TQM als Projekt mit festem Anfangs- und Endtermin zu verstehen. Innerhalb dieser Zeitspanne werden dann häufig hektische Aktivitäten entfaltet, deren Ergebnisse zum Endtermin vorliegen müssen. Mangelnder Erfolg lässt die Bemühungen schon nach kurzer Zeit im Sande verlaufen. Der Eindruck der Mitarbeiter, es handele sich um eine weitere „Stabsübung", verstärkt sich.

Fehlende Orientierung

Schließlich ist zu beobachten, dass Führungskräfte aufgrund von Vielfalt und Anzahl moderner Managementbegriffe Schwierigkeiten haben, die für sie tatsächlich nützlichen Instrumente herauszufinden und anzuwenden. Noch schwieriger ist es, die Zusammenhänge und Verbindungen der Instrumente untereinander zu erkennen, die sich hinter den zahlreichen Begriffen und Abkürzungen verbergen.

Frühzeitiger Abbruch

Einen hemmenden Aspekt stellen auch die äußeren Umstände dar. Es besteht die Gefahr, die Einführung aufgrund einer veränderten, günstigeren Marktlage frühzeitig abzubrechen. Gerade wenn TQM mit der verständlichen Absicht begonnen wird, eine wirtschaftlich schwierige Situation besser zu bewältigen, kann eine Besserung der äußeren Umstände, beispielsweise ein konjunktureller Aufschwung, zum Abbruch der Aktivitäten führen, da die missliche Lage überwunden zu sein scheint. Wenn es ausschließlich darum geht, ein Defizit aufzuarbeiten, nimmt mit steigender Nachfrage und verbesserter Umsatz- und Gewinnlage die Bereitschaft von Führungskräften und Mitarbeitern ab, die „Veränderungslasten" weiterhin zu tragen. TQM darf deshalb nicht nur als „Retter in der Not" angesehen werden, sondern auch als Managementmethode, die grundsätzlich zu einer Verbesserung der Wettbewerbsfähigkeit führt – unabhängig von Marktlage und Startposition. Es ist besser, TQM in wirtschaftlich guten Zeiten einzuführen als in schlechten; es bedarf dann aber einer besonders kraftvollen Führung, um die Veränderungsbereitschaft zu wecken und am Leben zu erhalten.

2.3 Führungskräfteentwicklung – Fähigkeiten der Führungskräfte fördern

WORUM GEHT ES?

TQM ist eine Führungsmethode, die auf der Mitwirkung aller Mitglieder einer Organisation basiert. Die Führung wird so ausgerichtet, dass alle Mitarbeiter tatsächlich die Möglichkeit haben, mitzuwirken. Qualität wird letztlich durch die Menschen des Unternehmens erzeugt; nur wenn das Umfeld stimmt, können sie ihre volle physische und psychische Energie in den Dienst des Kunden stellen. Die Aufgabe der Führung besteht darin, dieses Umfeld für die Mitarbeiter zu schaffen. Daraus ergibt sich ein neues Rollenverständnis: Mitarbeiter werden zu Kunden der Führung. Was aber fordern diese Kunden? Sie fordern ein Umfeld, das ihre Kreativität und ihren Einsatzwillen unterstützt, sie fragen nach neuen Formen der Zusammenarbeit, die die gesamte Bandbreite ihrer Leistungsfähigkeit ansprechen, sie wollen nicht nur ausführen, sie wollen mitgestalten.

Diese Veränderungen verlangen nach einer offenen Beziehung unter allen Beteiligten. Offenheit setzt Vertrauen voraus, dieses wiederum kann nur entstehen, wenn Führungskräfte Mitarbeitern aktiv Vertrauen entgegenbringen. Häufig sind Ängste der Grund für Misstrauen. Aufgabe der Führung ist es, diese Ängste in einem ständigen Prozess aufzuspüren und abzubauen. Der Vorgesetzte wird zum Ratgeber, Betreuer und Partner mit einer Grundhaltung, die von der Achtung vor der Persönlichkeit des anderen geprägt ist.

Um das Potential aller Mitarbeiter zu nutzen, ist Teamarbeit nötig. Führungskräfte müssen auf diese Form der Zusammenarbeit vorbereitet sein – ihre soziale Kompetenz rückt immer mehr in den Mittelpunkt: Kommunikationsfähigkeit, Moderationsfähigkeit, Einfühlungsvermögen, Kreativität, Persönlichkeit und Vorbildfunktion werden zu wichtigen Führungseigenschaften. Konsensbildung wird zum verbindenden Element der Zusammenarbeit aller Beteiligten. Konsens kann nicht „kraft Autorität" verordnet, er muss in Gesprächen geschaffen werden, und zwar unter allen Gruppenteilnehmern.

Führungswandel	
von	zu
• Chef, Befehlsgeber, „Boss"	• Trainer seiner „Mannschaft", Unternehmensziele kommunizierend, immer auch das „Warum" erklärend
• Kontrolleur	• Helfer, Vorbild
• Individualist	• Teammitglied
• Intern konkurrierend	• Intern kooperierend, extern konkurrierend
• Verschlossen, unnahbar	• Offen, erreichbar
• Eigentümermentalität („Dies ist meine Firma/Abteilung. Du arbeitest für mich. Ich zahle dein Gehalt. Mache das, was dir gesagt wird.")	• Verwaltermentalität („Die Firma/Abteilung ist mir anvertraut; ich bin dafür verantwortlich, ein Umfeld zu schaffen, in dem die Mitarbeiter ihr volles Potenzial einbringen können.")

Bild 8: *Veränderungen des traditionellen Führungsverständnisses*

WAS BRINGT ES?

Die Vorteile einer offenen Vertrauenskultur werden durch die Nachteile einer Misstrauenskultur deutlich: Wenn Mitarbeiter als Untergebene angesehen und behandelt werden, Führungskräfte sich als Antreiber, Befehlsgeber, Kontrolleur und Richter verstehen und mit Druck, Drohung, Manipulation und Befehlserteilung führen, dann werden die Mitarbeiter ausschließlich „Dienst nach Vorschrift" leisten und sich mit allen Fähigkeiten und Träumen zurückziehen.

	Misstrauens-kultur Kosten in % vom Umsatz	Vertrauens-kultur Kosten in % vom Umsatz
„Qualitätskosten" einschl. Personalkosten QS	4–6	1–2
Fehlzeiten gewerbl. Mitarbeiter 8–12 % bei Misstrauenskultur 5–10 % bei Vertrauenskultur	4–6	1,5–2
Maschinen-Ausfallzeiten 25–30 % bei Misstrauenskultur 5–10 % bei Vertrauenskultur	13–15,6	2,6–5,2
Reibungsverluste bei Angestellten, verlorene Arbeitszeit 25–30 % bei Misstrauenskultur 5–10 % bei Vertrauenskultur	2–3	0,5–1
Summe:	23–30,6	5,6–10,2

Bild 9: *Kostenvergleich zwischen Vertrauens- und Misstrauenskultur*

Quelle: Lietz, J. H.: Von der Zweck-Gemeinschaft zur Sinn-Gemeinschaft, in: Die Hohe Schule des Total Quality Management, hrsg. v. Kamiske, G. F., Springer Verlag, Berlin u. a. 1994, S. 110–130.

Durch Führen mit Konsens kommt man schneller ans gesteckte Ziel. Der höhere Aufwand zu Beginn einzelner Vorhaben, der durch langwierige Einigungsprozesse gekennzeichnet ist, zahlt sich bei der Umsetzung deutlich aus: Diese erfolgt gegenüber einer „verordneten" Vorgehensweise außerordentlich zügig, da es durch den geschaffenen Konsens praktisch keine Reibungsverluste mehr bei der Umsetzung gibt. Die Einschätzung autoritärer Führungskräfte, dass Ergebnisse von Gruppensitzungen in keinem Verhältnis zur aufgewendeten Zeit stünden, ist kurzsichtig, denn zusätzlich zu den Ergebnissen wird bei Gruppenarbeit Konsens geschaffen, der zur Partizipation der Mitarbeiter führt, was heißt, dass die Mitarbeiter selbst für die Sache eintreten und alles dafür tun, damit sie verwirklicht wird.

WIE GEHE ICH VOR?

Führungsgrundsätze erarbeiten

Um die Führungskräfteentwicklung zielgerichtet zu vollziehen, sollte zunächst das gewünschte Verhalten in Form von Führungsgrundsätzen erarbeitet werden, und zwar auf Basis der Grundwerte des Unternehmens (vgl. Prinzip 7). Auf diese Weise steht jedem ein Vorbild zur Verfügung – für eigenes und fremdes Führungsverhalten: Führungskräften dient es als Richtschnur, Mitarbeitern gibt es die Möglichkeit, Vorgesetzte auf abweichendes Verhalten hinzuweisen.

Beispielhafte Führungsgrundsätze:

▶ Managen Sie nicht die Sache, sondern führen Sie die Menschen, die die Dinge tun.

▶ Lösen Sie nicht die Probleme Ihrer Mitarbeiter, sondern sorgen Sie dafür, dass sie lernen, ihre Probleme selbst zu lösen.

▶ Gewähren Sie Ihren Mitarbeitern Handlungsspielräume.

▶ Geben Sie Ihren Mitarbeitern die Möglichkeit, stolz auf ihre Arbeit zu sein; lassen Sie sie Arbeitsergebnisse auch vor anderen selber präsentieren.

▶ Suchen Sie bei Fehlern nicht ihren Schuldigen, sondern ermitteln Sie gemeinsam mit Ihren Mitarbeitern die Fehlerursachen.

▶ Seien Sie Vorbild, indem Sie die Grundsätze des Unternehmens beispielhaft vorleben – werden Sie zum Meister der Grundsätze.

• Die Führungsgrundsätze sollten von einem ausgewählten Führungskräftekreis erarbeitet werden, der sich aus Mitgliedern unterschiedlicher Fachbereiche und Hierarchieebenen zusammensetzt.

• Erarbeiten Sie die Führungsgrundsätze an einem firmenfremden Ort. Legere Kleidung und eine entspannte Atmosphäre sind ein taugliches Mittel, um den Kreis zu einem Team zusammenzuschweißen.

• Engagieren Sie einen unabhängigen, gegebenenfalls externen Moderator. Das bietet für alle Teilnehmer die Gewähr, ihre Meinung einzubringen.

Entwicklungsprogramm für Führungskräfte einführen

Die Führungsgrundsätze bilden die Basis für das Führungskräfte-Entwicklungsprogramm, innerhalb dessen aus den Führungsgrundsätzen konkrete Handlungsweisen abgeleitet werden, die auf die persönlichen Bedürfnissen der Teilnehmer abgestimmt sind. Zusätzlich werden besondere methodische Kenntnisse vermittelt, wie z. B. Gruppenmoderation und Gesprächsführung. Auf diese Weise werden die beiden Dimensionen des qualitätsorientierten Führens entwickelt: Zum einen gilt es, die Führungsaufgabe „Qualität" in ihrer Gesamtheit zu erkennen und die sich bietenden Hilfsmittel, wie z. B. Qualitätstechniken und das Qualitätsmanagementsystem zur Produktivitätssteigerung und Qualitätsverbesserung, zu nutzen (methodische Kompetenz). Zum anderen gehört zum Umsetzen des Qualitätsverständnisses eine stimmige Führungsqualität (Sozialkompetenz). Diese muss entwickelt, geschult und trainiert werden, damit sich Qualität in der täglichen Praxis von Führungskräften und ihren Mitarbeitern zeigt.

Das Entwicklungsprogramm für Führungskräfte verfolgt die Ziele:

▶ Informationsaustausch zwischen allen Führungskräften in regelmäßigen Veranstaltungen. Es empfiehlt sich, diese unter ein spezielles Motto zu stellen, beispielsweise „TQM-Drehscheibe", „TQM-Forum" oder „TQM-Infomarkt".

▶ Interaktives Training in Fragen der Führungsqualität mit dem Ziel, ein qualitätsbewusstes Führungsverhalten zu entwickeln (z. B. Partner- und Teamarbeit, Rollenspiele, Fallmethode, Gesprächsführung, Vorträge).

▶ Schulung und Training systematischer, interaktiver Problemlösungen als Voraussetzung für den kontinuierlichen Verbesserungsprozess (vgl. Prinzip 10).

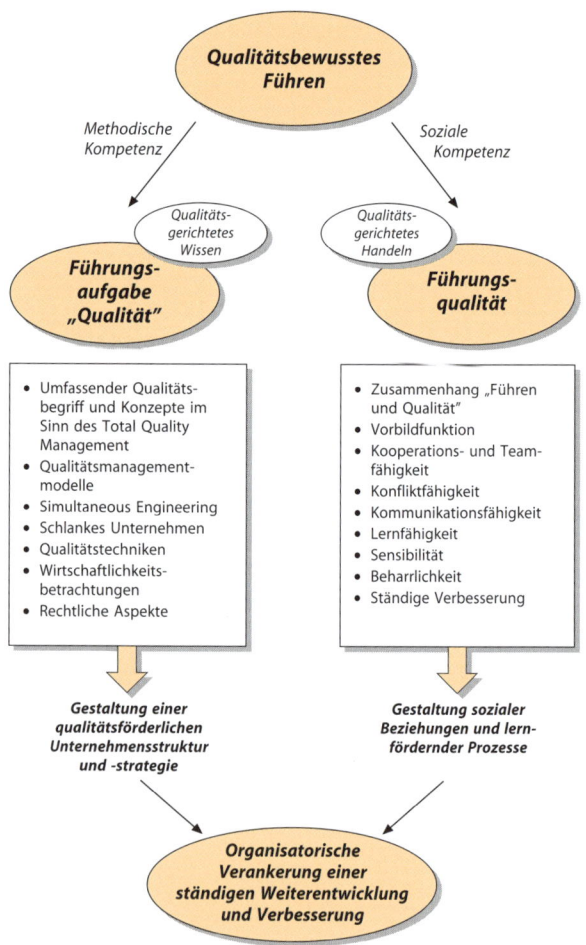

Bild 10: *Die zwei Dimensionen qualitätsbewussten Führens (fachliche Kompetenz vorausgesetzt)*

- Berücksichtigen Sie die unterschiedlichen Zielgruppen bei der Gestaltung des Führungskräfte-Entwicklungsprogramms. Während Führungskräfte der unteren Ebene (Meister) in der Regel Mitarbeiter führen, die selbst keine Führungsverantwortung tragen, geht es in der mittleren und oberen Ebene um das Führen von Führungskräften.
- Die Inhalte des Entwicklungsprogramms sollten mit aktuellen Problemen oder Vorhaben im Unternehmen in Verbindung stehen.

Coaching als Instrument der Persönlichkeitsentwicklung nutzen

Veränderung von Verhalten braucht Zeit, das gilt besonders für das Führungsverhalten. Während sich das Entwicklungsprogramm auf die Wissensvermittlung der methodischen und sozialen Kompetenz konzentriert, ist das Coaching ein praxisbegleitendes Training, das die Anwendung des Gelernten kontinuierlich begleitet und Hinweise für Verbesserungen gibt. Es ist ein Instrument, das eher das selbständige Lernen fördert, als dass es etwas lehrt. Ziel des Coaching ist die Entwicklung persönlicher Sozialkompetenz, um die Mitarbeiter durch die strukturellen Veränderungen des Unternehmens führen zu können. Dahinter steht vor allem die Entwicklung eines positiven Menschenbildes. Um eine große Zahl von Führungskräften zu erreichen, bietet sich das Team-Coaching an: Führungskräfte unterschiedlicher Fachbereiche treffen sich in regelmäßigen Abständen (z. B. alle vier bis sechs Wochen) zu einer eintägigen Veranstaltung unter fachlicher Leitung eines Coaches. Folgende Themen können behandelt werden:

▶ Schwierige Fragen aus dem emotionalen Spannungsfeld zwischen Vorgesetzten, Kollegen und Mitarbeitern, die sonst nicht angesprochen werden können.

▶ Erarbeiten methodischer Vorgehens- und Verhaltensweisen für Konflikt- und Krisensituationen.

▶ Überprüfen eigener Einstellungen und Wertvorstellungen auf ihre Bedeutung für die eigene Arbeit und das eigene Handeln im Unternehmen.

▶ Fragen der individuellen Berufs- und Lebensplanung.

> Beginnen Sie das Coaching auf der obersten Führungsebene, dehnen Sie es dann auf Führungskräfte der mittleren Ebenen aus. Beteiligen Sie frühzeitig Meinungsbilder, gerade auch aus unteren Hierarchieebenen.

2.4 Mitarbeiterorientierung – Fähigkeiten der Mitarbeiter entfalten

WORUM GEHT ES?

Unter Mitarbeiterorientierung in einem Unternehmen wird eine Grundhaltung verstanden, bei der jeder einzelne Mitarbeiter als bedeutendes Problemlösungs- und Kreativitätspotential betrachtet und behandelt wird. Dem liegt die Erkenntnis zugrunde, dass die Wertschöpfung im Unternehmen zwar durch den Einsatz technischer Hilfsmittel unterstützt, letztlich aber vom Menschen erbracht und gesteuert wird. Durch die Mitarbeiterorientierung soll ein Arbeitsumfeld geschaffen werden, in dem Mitarbeiter selbständig denken, eigenverantwortlich handeln und zufrieden sein können. Auf diese Weise werden ihr natürlicher Einsatzwille und ihre Kreativität für das Unternehmen nutzbar (vgl. Prinzipien 10 und 12).

Die Führung ist dafür zuständig, das gewünschte Arbeitsumfeld zu schaffen und die Mitarbeiter durch Aus- und Weiterbildung auf neue Formen der Zusammenarbeit vorzubereiten (vgl. Prinzip 3). Unter „neuen Formen der Zusammenarbeit" sind vor allem Gruppenarbeit mit übertragener Verantwortung, Selbstprüfung anstelle der Fremdkontrolle und das Arbeiten in Teams im Rahmen der gruppenorientierten Verbesserungsaktivitäten zu verstehen (vgl. Prinzip 10). Dafür müssen sowohl Selbstverantwortung als auch Problemlösungs- und Teamfähigkeit entwickelt werden. Zur Mitarbeiterorientierung gehört auch, sich um einen Mitarbeiter im Krankheitsfall zu sorgen, ohne dass dies als Misstrauen von beiden Seiten aufgefasst werden kann.

WAS BRINGT ES?

Das Ziel der Mitarbeiterorientierung – engagierte, selbständig denkende, eigenverantwortlich handelnde und zufriedene Mitarbeiter – ist die Voraussetzung für viele Veränderungen, die sich durch die Einführung von TQM ergeben:

▶ Die auf Vorbeugung basierende Qualitätsstrategie des TQM benötigt das Engagement aller am Wertschöpfungsprozess beteiligten Mitarbeiter, um Fehlermöglichkeiten frühzeitig zu erkennen und nachhaltig zu beseitigen, denn niemand kennt die Prozesse so gut wie die ausführenden Mitarbeiter.
▶ Die Hinwendung sämtlicher Beteiligten zur Qualität und zur ständigen Verbesserung bildet den Mittelpunkt aller Aktivitäten (vgl. Prinzip 10).
▶ Flexibilität und Anpassungsfähigkeit zur Erfüllung von Kundenanforderungen lassen sich im Unternehmen dauerhaft nur mit Hilfe gut ausgebildeter Mitarbeiter erreichen, die in der Lage sind, „unternehmerisch" zu denken.

WIE GEHE ICH VOR?

Mitarbeiter-Ausbildungsprogramm einführen

Zunächst werden die Mitarbeiter mit den Prinzipien des TQM vertraut gemacht. Abgesehen von Schulungen, in denen die Grundlagen einzelner Prinzipien vermittelt werden, sollten die Mitarbeiter in Gruppen erarbeiten, wie die konkrete Umsetzung der Prinzipien in ihrem Arbeitsbereich gestaltet sein könnte. Dadurch wird von Beginn an der praktische Nutzen der Prinzipien deutlich.

- Achten Sie darauf, dass die Prinzipien des TQM und deren praktische Umsetzung nicht nur innerhalb der Schulungen besprochen werden, nutzen Sie jede passende Gelegenheit, um den Nutzen von Qualität zu verdeutlichen.
- Um die Wichtigkeit der Schulungen zu unterstreichen und weil Mitarbeiter auf die Wünsche ihrer Vorgesetzten eingehen sollen, sollten sie von Führungskräften aus dem eigenen Unternehmen durchgeführt werden. Da allerdings gerade zu Beginn der Schulungsmaßnahmen nicht von allen Führungskräften erwartet werden kann, dass sie die Prinzipien bereits verinnerlicht haben und überzeugend vermitteln können – schließlich müssen auch sie erst einmal geschult sein – können die Mitarbeiterschulungen von externen Fachleuten begleitet werden.

Gruppenarbeit einführen

Um Gruppenarbeit einführen zu können, wird die strikte Arbeitsteilung aufgehoben, werden Arbeitsinhalte neu zusammengefasst und eigenverantwortliche Gruppen von z. B. fünf bis zehn Mitgliedern geschaffen. Die Gruppe entscheidet weit gehend selbständig, wer welche Tätigkeiten innerhalb des Aufgabengebiets durchführt. Ziel sollte jedoch sein, dass jedes Mitglied mit der Zeit jede Tätigkeit ausüben kann – dadurch werden die Gruppe und das ganze Unternehmen flexibler. Werden die fachlichen Aufgaben von der Gruppe beherrscht, kann die Eigenverantwortung auch auf andere Bereiche wie z. B. Gruppenmitgliederbeurteilung und Urlaubsregelung ausgedehnt werden. Die Mitarbeiter führen Arbeiten nicht länger nur aus, sie erhalten Handlungsspielräume, um sich und ihre Arbeit zu organisieren.

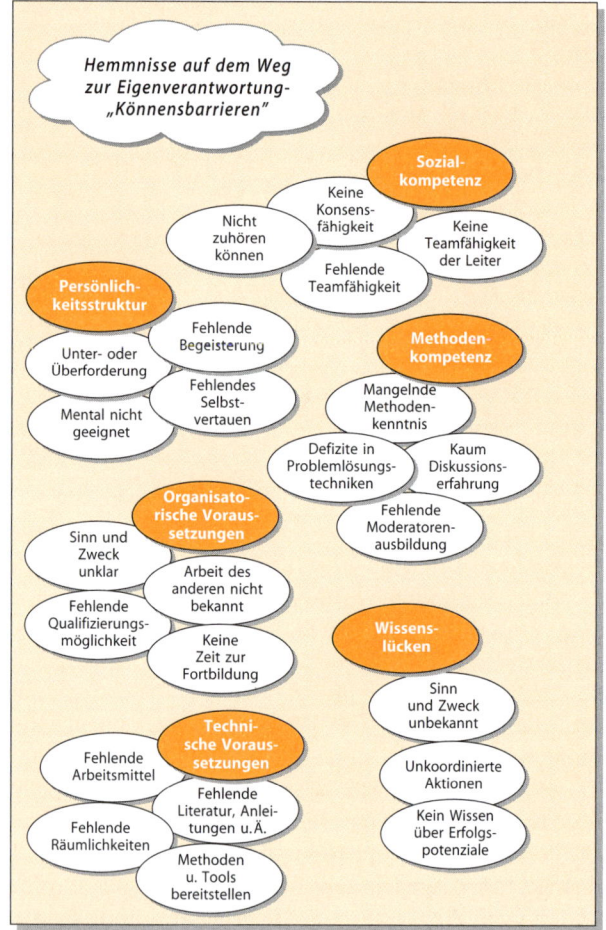

Bild 11: *Hemmnisse bei der Einführung eigenverantwortlicher Gruppenarbeit – „Könnensbarrieren"*

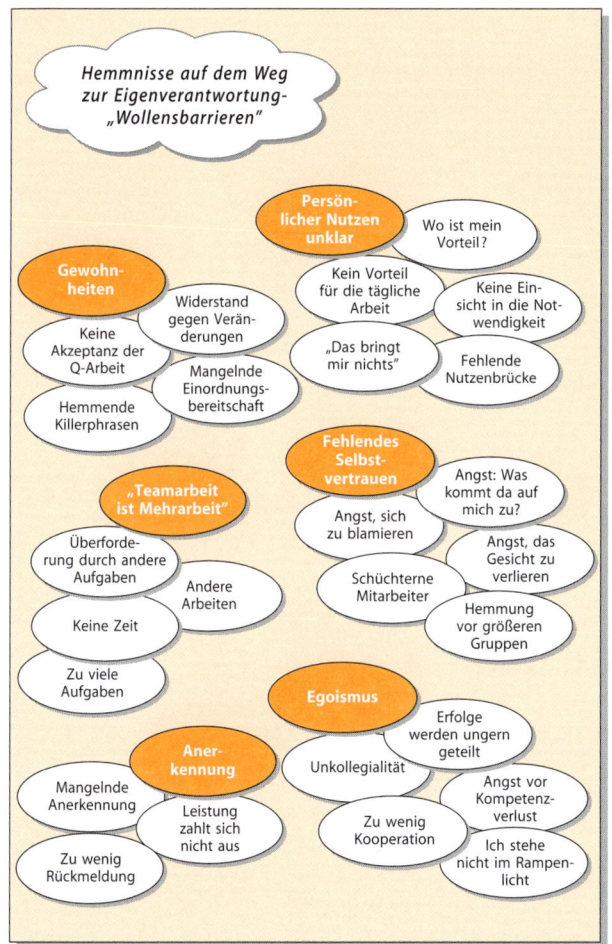

Bild 12: *Hemmnisse bei der Einführung eigenverantwortlicher Gruppenarbeit – „Wollensbarrieren"*

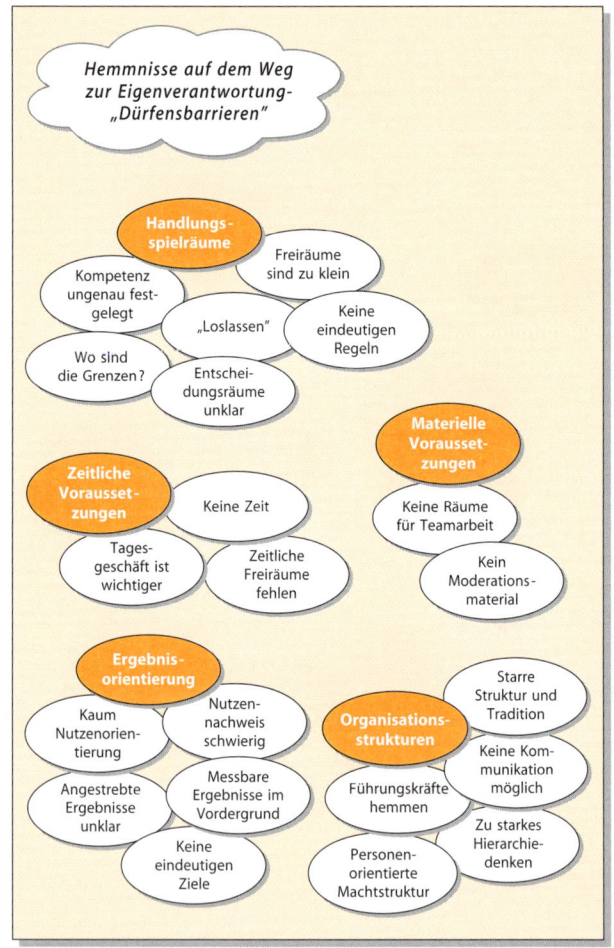

Bild 13: *Hemmnisse bei der Einführung eigenverantwortlicher Gruppenarbeit – „Dürfensbarrieren"*

Bei der Einführung eigenverantwortlicher Gruppenarbeit werden regelmäßig Hemmnisse beobachtet, die das Können, Wollen und Dürfen betreffen. Führungskräfte sollten Dürfensbarrieren aus dem Weg räumen, Könnensbarrieren durch Schulungen begegnen und Wollensbarrieren in persönlichen Gesprächen mit ihren Mitarbeitern entgegenwirken.

Vorschlagswesen zum Verbesserungswesen weiterentwickeln

Das Vorschlagswesen sollte so ausgelegt sein, dass die Verbesserungsaktivitäten einzelner Mitarbeiter oder -gruppen unterstützt und gefördert werden (vgl. Prinzip 10). Das Vorschlagswesen wird zum Verbesserungswesen, das nicht als unterschwellige Aufforderung zu verstehen ist, „nun endlich auch einmal eine Verbesserung einzureichen", sondern als Unterstützung, um Verbesserungen möglichst schnell durchführen zu können: So werden z. B. Ansprechpartner vermittelt sowie Mittel und Material zur Verfügung gestellt. Das Verbesserungswesen wird zur Servicestelle der Verbesserungsaktivitäten. Nachfolgend sind die grundsätzlichen Unterschiede zwischen traditionellem Vorschlagswesen und dem Vorschlagswesen als Verbesserungswesen aufgeführt.

Um das Verständnis für die Notwendigkeit ständiger Verbesserungen zu heben und die Abneigung mancher mittlerer Führungskräfte gegen Verbesserungsvorschläge zu beseitigen, empfiehlt es sich, die Anzahl erfolgreich umgesetzter Verbesserungsvorschläge als Beurteilungskriterium für Führungskräfte zu berücksichtigen.

Traditionelles Vorschlagswesen	Vorschlagswesen als Verbesserungswesen
• Misstrauen: Mitarbeiter enthalten Kreativitätsreserve bewusst vor	• Vertrauen: Mitarbeiter wollen kreativ sein
• Vorschläge betreffen den Pflichtenkreis anderer	• Verbesserungen betreffen den eigenen Pflichtenkreis
• Vorschläge als Ausnahme	• Normale, selbstverständliche Praxis
• Moralisierende Apelle	• Verbesserung als Regelverhalten
• Wenige Teilnehmer	• Viele Mitarbeiter nehmen teil
• Fokus auf punktuellen Missständen	• Fokus auf allen Prozessen
• Vorschläge in der Regel von Einzelnen (Konkurrenz)	• Verbesserung auch im Team (Kooperation)
• Führungskraft „umgangen"	• Führungskraft einbezogen
• Prämien	• Teamorientierte Anerkennung
• Vorschlag schreiben statt Handeln	• Handeln statt Vorschlag schreiben
• Bürokratisch aufwändig	• Unbürokratisch
• Bewertung durch zentrale Institution (Rückdelegation von Führungsverantwortung)	• Problemlösungsverhalten und Kreativität als Führungsaufgabe

Bild 14: *Unterschiede zwischen traditionellem Vorschlagswesen und dem Vorschlagswesen als Verbesserungswesen*

Quelle: In Anlehnung an Sprenger, R. K.: Mythos Motivation, 7. Auflage, Campus Verlag, Frankfurt/Main u. a. 1994, S. 11.

*Mitarbeiterauswahl- und Einstellungsverfahren
qualitätsorientiert ausrichten*

Die Auswahl neuer Mitarbeiter sollte nach qualitätsorientierten Gesichtspunkten erfolgen. Die Grundwerte und der Zweck des Unternehmens prägen gerade TQM-geführte Unternehmen so stark, dass sich ein deutliches Bild vom passenden Mitarbeitertyp ergibt (vgl. Prinzip 7). Bei vorausgesetzter fachlicher Qualifikation wird immer wichtiger, ob ein Bewerber zum Unternehmen und damit zu den Mitarbeitern passt. Deshalb werden die Mitarbeiter beim Einstellungsverfahren miteinbezogen. Sie haben Gelegenheit zum Gespräch mit dem Bewerber und können über seine Einstellung mitentscheiden.

 Um neue Mitarbeiter von Beginn an in die Grundwerte und den Zweck des Unternehmens einzuführen, empfiehlt es sich, ihnen eine erfahrene Führungskraft als Paten zuzuordnen.

2.5 Kundenorientierung – den Kunden in den Mittelpunkt stellen

WORUM GEHT ES?

Der Kunde – nicht das Unternehmen – definiert, was unter Qualität zu verstehen ist. Die Kundenzufriedenheit wird zum letztlich relevanten Qualitätsmaßstab. Zufriedene Kunden sind die Existenzgrundlage des Unternehmens und das Mittel, mit dessen Hilfe der langfristige Unternehmenserfolg gesichert wird. In diesem Zusammenhang äußerte sich der Qualitätswissenschaftler W. E. Deming folgendermaßen:

„Unternehmen, die zukünftig nicht in der Lage sind, die Fähigkeit aufzubauen, ihre Kunden zu begeistern, sollten lieber sofort schließen – schließlich spart das zumindest Zeit und dem Kunden eine Menge Ärger. Letztlich bringen nur begeisterte Kunden auch ihre Freunde mit."

Um Kundenzufriedenheit zu erreichen, müssen sämtliche Tätigkeiten und Prozesse des Unternehmens auf die Wünsche, Anforderungen und Erwartungen der Kunden ausgerichtet werden. Zwischen Unternehmen und Kunden ergibt sich ein Regelkreis: Auf Grundlage der Erwartungen der Kunden erzeugen die Mitarbeiter im Unternehmen Produkte, die den Kunden über Vertriebskanäle auf dem Markt angeboten werden. Die Höhe der Kundenzufriedenheit ergibt sich aus dem Grad der Übereinstimmung von Kundenerwartungen und Produktmerkmalen. Über ein Zufriedenheits-Feedback können Korrekturen und Verbesserungen des Produkts vom Unternehmen kundenorientiert vorgenommen werden. Innerhalb des Unternehmens wird die Kundenorientierung durch die Prozessorganisation unterstützt: Alle Prozessketten im Unternehmen beginnen stets mit dem Kunden und laufen entlang interner Kunden-Lieferanten-Beziehungen innerhalb des Unternehmens schließlich wieder zum externen Kunden zurück (vgl. Prinzip 11).

WAS BRINGT ES?

Ziel der Kundenorientierung sind zufriedene und sogar begeisterte Kunden, die „ihre Freunde mitbringen". Durch die Zufriedenheit und Begeisterung sollen sie an das Unternehmen gebunden werden. Daraus ergeben sich folgende Vorteile:

▶ Die Wiederverkaufsrate vergrößert sich, je vertrauter und zufriedener ein Kunde mit dem Unternehmen und seinen Produkten ist.
▶ Die Marketing- und Vertriebskosten, die für die Aufrechterhaltung der Kundenbeziehungen notwendig sind, sinken mit der Zeit.
▶ Stammkunden reagieren gegenüber Preisschwankungen unempfindlicher als neue Kunden.
▶ Zufriedene und begeisterte Kunden empfehlen das Unternehmen weiter.

In Zahlen ausgedrückt, wirkt sich die Kundenorientierung durchschnittlich folgendermaßen aus:

600 %	teurer ist es, neue Kunden zu gewinnen, als vorhandene zu halten.
300 %	größer ist bei sehr zufriedenen Kunden die Wahrscheinlichkeit, dass sie nachbestellen, als bei nur zufriedenen Kunden.
Fast 100 %	groß ist die Wahrscheinlichkeit, dass sehr zufriedene Kunden zu besten Werbeträgern des Unternehmens werden.
95 %	der verärgerten Kunden bleiben dem Unternehmen treu, wenn das Problem innerhalb von 5 Tagen gelöst wird.
75 %	der zu Wettbewerbern wechselnden Kunden stören sich an mangelnder Servicequalität.
25 %	der zu Wettbewerbern wechselnden Kunden stören sich an unzureichender Produktgüte oder zu hohen Preisen.

Bild 15: *Wirkungen der Kundenorientierung – Beispiele aus verschiedenen Branchen*

Quelle: In Anlehnung an Töpfer, A.: Kundenzufriedenheit – die Messlatte für ihren Erfolg, in Tagungsband: „Kundenzufriedenheit messen und steigern", Euroforum, Düsseldorf 1994.

WIE GEHE ICH VOR?

Kundenorientierung in den Grundwerten des Unternehmens verankern

Die Kundenorientierung wird in den Grundwerten des Unternehmens verankert und so für jeden Mitarbeiter verbindlich (vgl. Prinzip 7). Die folgenden Fragen unterstützen die Suche nach kundenorientierten Grundwerten:

▶ Welche Rolle spielt der Kunde für den Erfolg des Unternehmens?

> Leitsätze zum
> kundenorientierten
> Verhalten

Der Kunde hat immer Vorrang – lass alles stehen und liegen, der Kunde darf sich nicht als Störer der internen Vorgänge fühlen. Er unterbricht nicht deine Arbeit, er ist Sinn und Zweck deiner Arbeit.

Nicht du tust dem Kunden einen Gefallen, wenn du ihn bedienst, sondern er dir, wenn du ihn bedienen darfst.

Rede den Kunden beim Namen an: er ist keine Nummer, sondern ein Mensch mit Bedürfnissen und Gefühlen wie du.

Erkläre, was du tust, aber sei kein Fachidiot; versuche nicht, die eigene Überlegenheit zu beweisen, manche Kunden wissen besser Bescheid als du.

Entschuldige dich, wenn etwas schief gelaufen ist, wenn der Kunde warten musste, wenn ....

Nimm die Verantwortung für Fehlleistung auf dich – für den Kunden bist du der Lieferant. Suche nicht nach „schuldigen" Kollegen oder Umständen.

Der Kunde muss als Sieger aus einer Reklamationsdiskussion hervorgehen, nicht du!

Gib zu, wenn du etwas nicht weißt, es macht dich glaubwürdiger als vorschnelle Urteile.

Wenn es Meinungsverschiedenheiten zwischen Kollegen gibt, diskutiere nicht vor dem Kunden, er ist daran nicht interessiert.

Der Kunde zahlt dein Gehalt. Er ist also kein Außenseiter, sondern der wichtigste Teil des Geschäfts.

Merke:
Es hat noch niemand ein Streitgespräch mit einem Kunden gewonnen.

Bild 16: *Beispielhafte Leitsätze zum kundenorientierten Verhalten*

Quelle: In Anlehnung an Concito GmbH, München.

▶ Wie verhalten wir uns gegenüber Kunden?
▶ Welchen Stellenwert haben Kunden bei der täglichen Arbeit?
▶ Wo und wie finden Kundenbegegnungen statt?

Kundenanforderungen aktiv und systematisch ermitteln

Sämtliche Produkte und Dienstleistungen im Unternehmen werden auf Grundlage von Kundenanforderungen erzeugt. Dazu müssen zunächst die Kunden und deren Anforderungen ermittelt werden. Die konkrete Durchführung der Untersuchung ist von der Art der Anbieter-Nachfrager-Situation abhängig.

Auf Investitionsgüter-Märkten mit begrenzter Anzahl von Marktpartnern auf Angebots- und Nachfrageseite und langjährigen persönlichen und vertraglichen Beziehungen sind die Kunden einzeln ansprechbar. Der persönliche Kontakt zwischen Kundenberater und Kunden sollte genutzt werden, um die Anforderungen in Gesprächen oder mit Hilfe von Fragebögen herauszufinden. Auf Konsumgütermärkten mit einer unüberschaubaren Kundenanzahl sollten unbedingt die Methoden der statistischen Marktforschung angewendet werden.

Kundenanforderungen systematisch im Unternehmen umsetzen

Die Kundenorientierung im Unternehmen verlangt eine systematische Umsetzung der „Stimme des Kunden" in die „Sprache des Ingenieurs": Werden Kundenanforderungen (durch das Marketing) korrekt ermittelt, so kann es, bedingt durch die unterschiedliche Betrachtungsrichtung von Marketingmitarbeitern und Ingenieuren, innerhalb des Unternehmens zu fehlerhaften Umsetzungen der Kundenanforderungen in Produkt- bzw. Qualitätsmerkmale kommen. Durch den Einsatz der Qualitätstechnik Quality Function Deployment (QFD) können die Missverständnisse bei der Übersetzung in die „Sprache des Ingenieurs" reduziert werden (vgl. Prinzip 9), und das nicht nur bei der Produkt- und Teileplanung, sondern auch bei der Planung von Prozessen und Produktionsanlagen. Außerdem sollten Kundenanforderungen bei der unternehmensweiten Zielplanung berücksichtigt werden (vgl. Prinzip 8).

Kundenzufriedenheit regelmäßig ermitteln

Das Maß der Kundenzufriedenheit gibt Aufschluss darüber, wie gut ein Unternehmen die Kundenerwartungen ermittelt und umgesetzt hat. Neben den Möglichkeiten, die für die Erhebung der Kundenanforderung geeignet sind, kann das Maß der Zufriedenheit der Kunden durch das Beschwerdemanagement abgeschätzt werden.

Anzahl und Inhalt der Beschwerden erlauben Rückschlüsse auf den Grad der Zufriedenheit der Kunden; dabei ist zu beachten, dass nur 10 bis 15 Prozent der Beanstandungen an das Unternehmen herangetragen werden – die meisten Kunden wechseln den Anbieter, ohne sich zu beschweren. Das größte Problem besteht darin, dass die Kunden den Aufwand einer Reklamation scheuen und den für sie einfacheren Weg gehen, der zum Konkurrenten führt. Deshalb sollte das Beschwerdemanagement aktiv gestaltet, der Beschwerdeaufwand gesenkt und der Nutzen für den Kunden erhöht werden.

 • Kundenzufriedenheitsgarantien können das Beschwerdemanagement unterstützen. Garantiezusagen regen Kunden an, ihren Unmut zu äußern.

- Ein amerikanischer Baustoffhersteller stimuliert Beschwerden auf ungewöhnliche Art: Die Kunden brauchen nur die Leistungen zu bezahlen, mit denen sie zufrieden waren. Diese Bezahlungsweise wird „Short-Pay" genannt. Die Kunden haben vier Wochen Zeit, ihre Rechnung zu begleichen. Geht der Rechnungsbetrag innerhalb dieser Zeit nicht ein, wird nicht etwa gemahnt, es wird vielmehr nach den Ursachen der Unzufriedenheit gefragt. Der Geschäftsführer des Baustoffherstellers beschreibt die kundenorientierte Wirkung dieses Vorgehens folgendermaßen: „Nichts ist für die Beseitigung von Kundenproblemen motivierender, als die Aussicht, kein Geld zu erhalten."

Ergebnisse der Kundenzufriedenheits-Untersuchung als Grundlage für die internen Kunden-Lieferanten-Gespräche verwenden

Innerhalb des Prozessmanagements klären interne Kunden und Lieferanten in gemeinsamen Gesprächen die Anforderungen der zu erbringenden Leistung einzelner Prozessschritte, und zwar auf Grundlage der Anforderungen externer Kunden (vgl. Prinzip 11). Dies ist kein einmaliger Vorgang – solche Gespräche werden prozessbegleitend immer wieder durchgeführt: Mit Hilfe der Ergebnisse der Kundenzufriedenheits-Untersuchung sollte die Wirksamkeit der internen Kunden-Lieferanten-Gespräche regelmäßig überprüft und internen Anforderungen gegebenenfalls angepasst werden.

Beziehungen zu Kunden pflegen

Das Unternehmen sollte die Beziehungen zu Kunden aktiv pflegen und Stammkunden durch verschiedene Vergünstigungen an das Unternehmen binden. Eine Möglichkeit, die

Kundenbindung zu festigen, besteht im Aufbau so genannter Kundenclubs, durch die den Mitgliedern besondere Leistungen wie Sonderverkaufsaktionen, Rabatte, Prämien und zusätzliche Dienstleistungen zugänglich werden können.

2.6 Lieferantenintegration – Fähigkeiten der Lieferanten fördern und nutzen

WORUM GEHT ES?

Die Qualität einer Gesamtleistung, die von einem Unternehmen auf dem Markt angeboten wird, ist neben dem eigenen Wertschöpfungsprozess auch entscheidend von der Wertschöpfung und der Qualität der angelieferten Teile der Lieferanten abhängig. Es konkurrieren zunehmend ganze Wertschöpfungsketten miteinander, die sich über externe Lieferanten, interne Kunden-Lieferanten-Beziehungen (vgl. Prinzip 11) und über die Vertriebskanäle bis hin zu externen Kunden erstrecken.

Die Form der Zusammenarbeit mit Lieferanten kann die Wettbewerbsfähigkeit entscheidend beeinflussen. Grundsätzlich sind drei Entwicklungsrichtungen denkbar:

▶ Klassische Teilefertiger eignen sich Produktionswissen an und entwickeln für ihre Kunden Prozesstechnologien (Werkzeuge, Vorrichtungen, Produktionsanlagen u. Ä.); sie werden Produktionsspezialisten.

▶ Klassische Teilefertiger weiten ihr Leistungsangebot auf der Produktseite unter Aufbau eigener Forschungs- und Entwicklungskapazitäten aus; sie werden Entwicklungspartner und Modul- oder Systemlieferanten.

▶ Klassische Teilefertiger und Systemlieferanten bieten Problemlösungsfähigkeiten (Erfahrung, Wissen) für Produkt- und Prozessinnovationen an; sie werden Wertschöpfungspartner.

Ein langfristiges und vertrauensvolles Verhältnis zum Lieferanten ist Grundvoraussetzung für diese möglichen Entwicklungen. Denn Lieferanten investieren nur in eine gesicherte Zukunft der Geschäftsbeziehung. Auf der anderen Seite sind nur solche Lieferanten für ein langfristiges Verhältnis geeignet, die Qualität an die erste Stelle setzen (vgl. Prinzip 1) und gewillt sind, den Weg der ständigen Verbesserung gemeinsam zu gehen.

WAS BRINGT ES?

Die Konzentration auf wenige Lieferanten, durch die eine intensivere Zusammenarbeit erst möglich wird, hat überzeugende Vorteile gegenüber einem Konkurrenzverhalten zum Lieferanten:

▶ Die Anbahnungskosten auf der Suche nach geeigneten neuen Lieferanten sinken.
▶ Die Kosten für Verhandlungsführung und Formulierung von Qualitätsvereinbarungen sinken.
▶ Die Kosten für Qualitätssicherung und -lenkung der vereinbarten Leistungen sinken.
▶ Die Kosten für notwendige Korrekturmaßnahmen und Verbesserungen der laufenden Geschäftsbeziehung sinken.
▶ Die Materialbestände verringern sich durch den Aufbau einer Just-in-Time-Belieferung.
▶ Der Lieferant hat die Chance, eine größere Stückzahl rationeller zu fertigen, da er die Stückzahl nicht mit anderen Lieferanten teilen muss.

WIE GEHE ICH VOR?

Lieferanten bewerten und auswählen

Pro Zukaufteil bzw. -modul ist in der Regel ein Lieferant ausreichend, wenn die systematische Bewertung der Lieferanten hinsichtlich der folgenden Kriterien positive Ergebnisse liefert:

- ▶ Qualitätsfähigkeit des Qualitätsmanagement-Systems nach Norm,
- ▶ Prozess- und Produktqualität,
- ▶ Verhalten bei Beanstandungen, Kommunikationsfähigkeit,
- ▶ Liefertreue, Lieferflexibilität und Just-in-Time-Fähigkeit,
- ▶ Kostendisziplin und ständige Kostenreduzierung,
- ▶ Entwicklungsleistung und Entwicklungspotential.

Die verschiedenen Bewertungskriterien machen deutlich, dass diese Beurteilung der Zulieferer viel mehr als nur der Einkaufspreis-Vergleich ist und dass der Einkäufer hierfür ein Team aus Fachleuten unterschiedlicher Fachbereiche benötigt. Den besten Lieferanten sollte eine langfristige Bindung angeboten werden.

- • Ein zertifiziertes QM-System sollte als Mindeststandard für die ausgewählten Lieferanten gelten.
- • Die Auswahl der Lieferanten kann in Form einer Auszeichnung erfolgen. Damit wird der Bedeutung des Ergebnisses Rechnung getragen.

Vertrauensverhältnis aufbauen

Ein vertrauensvolles Verhältnis zu Lieferanten ergibt sich nicht von selbst. Misstrauen muss überwunden und Vertrauen geschaffen werden. Dies ist ein langwieriger Prozess, der nur mit Geduld und Beharrlichkeit zum Ziel führt. Dabei sollte neben der geschäftlichen vor allem die persönliche Beziehung zum Lieferanten verbessert werden. Folgende Punkte können den Weg zu einem vertrauensvollen Verhältnis unterstützen:

▶ regelmäßige Besuche,
▶ Ansprechpartner, die für die Zusammenarbeit uneingeschränkt zur Verfügung stehen,
▶ gemeinsame Teilnahme an Fachkonferenzen,
▶ gemeinsame Teilnahme an Veranstaltungen, die über bloße Geschäftsbeziehungen hinausgehen, sowie
▶ Durchführung von „Annäherungsgesprächen", in denen Lieferanten und Abnehmer erörtern, wie die Zusammenarbeit zukünftig gestaltet werden kann.

Just-in-Time-Anlieferung vorbereiten

Just-in-Time-Partnerschaft bedeutet, dass die angelieferten Teile in der vereinbarten Qualität montagegerecht gefertigt und synchron zur Weiterverarbeitung angeliefert werden, so dass beim Abnehmer Wareneingangslager und -prüfungen entfallen können. Die Lieferungen müssen demnach fehlerfrei sein und exakt zum benötigten Termin zur Verfügung stehen. Voraussetzung dafür sind eine hohe Prozessqualität und -sicherheit bei den Lieferanten. Das Prinzip des schlanken Managements (vgl. Prinzip 12) wird gewissermaßen über die Nahtstelle zum Lieferanten hinweg ausgeweitet.

Da eine Just-in-Time-Anlieferung nur dann sinnvoll ist, wenn die Teile beim Abnehmer nach dem Just-in-Time-Verfahren weiterverarbeitet werden, verfügen die Abnehmer bereits über Erfahrungen, ohne Sicherheitspuffer zu produzieren. Diese Erfahrung sollte den Lieferanten zur Verfügung gestellt werden, indem hilfreiche Methoden und Techniken vermittelt und konkrete Probleme gemeinsam vor Ort gelöst werden.

Parallel zum Aufbau der Just-in-Time-Fähigkeit beim Lieferanten muss die produktionssynchrone Anlieferung vorbereitet werden. Dabei muss vor allem die Wareneingangsprüfung schrittweise den neuen Bedingungen angepasst werden.

 Für die Just-in-Time-Anlieferung ist es vorteilhaft, wenn der Standort des Lieferanten nahe beim Abnehmer liegt. Dies vereinfacht sowohl den Transport als auch die Zusammenarbeit.

2.7 Strategische Ausrichtung auf Basis von Grundwerten und festem Unternehmenszweck – ohne gemeinsame Werte geht es nicht

WORUM GEHT ES?

Total Quality Management einzuführen, ist eine strategische Entscheidung, die das gesamte Unternehmen beeinflusst. Die Einführung dauert, abhängig von der Größe des Unternehmens, zwischen drei und sieben Jahren – die Weiterentwicklung zur Perfektion ist ein nie endender Prozess. Auf dem Weg zum TQM werden alle bestehenden Strukturen und Abläufe hinterfragt und dann verändert oder bestätigt. Das Ziel der Veränderungen ist für die große Mehrheit der Mitarbeiter des Unternehmens, wenn überhaupt, nur sehr vage zu erkennen: „Woran kann ich mich festhalten?", „Auf was kann ich mich verlassen?", „Wohin geht die Reise?" Solche Fragen zeugen von der Suche nach Orientierung, die aufzeigt, was bleibt, was sich verändert und wohin es sich verändert. Wenn die einzige Konstante die Veränderung ist, verlieren die Mitarbeiter den Boden unter den Füßen, sie brauchen Halt; sie benötigen Grundwerte und einen festen Unternehmenszweck, die sich beide nicht ändern und somit einen bleibenden Kern bilden, mit dem alle Veränderungen in Einklang stehen müssen.

Grundwerte

Die Grundwerte sind tragende und dauerhafte Grundsätze des Unternehmens – eine kleine Anzahl allgemeiner Leitlinien, nicht zu verwechseln mit konkreten Handlungsanweisungen, die aus Gewinnstreben oder kurzfristiger Zweckmäßigkeit aufs Spiel gesetzt werden. Grundwerte geben Auskunft darüber, wie das Geschäft geführt werden sollte, wie sich die Allgemeinheit aus Sicht des Unternehmens darstellt, wie die Rolle aussieht, die das Unternehmen in der Gesellschaft spielt, und was das Unternehmen ganz allgemein davon hält, wie es „in der Welt zugeht". Thomas J. Watson, Vorstandsvorsitzender bei IBM von 1956 bis 1971, beschreibt die Rolle der Grundwerte folgendermaßen:

„Ich glaube fest daran, dass jedes Unternehmen, wenn es überleben und erfolgreich sein will, einen Kranz von starken, vernünftigen Überzeugungen haben muss, der seiner Politik und seinen Handlungen unterliegt. Ferner glaube ich, dass der wichtigste Faktor für den Unternehmenserfolg ein unbeirrtes Festhalten an diesen Überzeugungen ist. Und letztlich glaube ich, dass das Unternehmen bereit sein muss, in seiner weiteren Entwicklung alles bei sich zu ändern, nur nicht jene Überzeugungen."

Unternehmenszweck

Der Unternehmenszweck geht aus den Grundwerten hervor, er beschreibt die tragenden Existenzgründe eines Unternehmens. Diese müssen nicht einzigartig sein; verschiedene Unternehmen können denselben Zweck verfolgen. Der Unternehmenszweck ist langfristiger Natur und gilt vielleicht noch in den nächsten Dekaden. Er geht über reines Gewinnstreben hinaus und bildet einen Leitstern am Horizont, nicht zu verwechseln mit konkreten Unternehmenszielen oder Geschäftsstrategien. David Packard, Mitgründer von Hewlett Packard, äußerte sich zum Thema Unternehmenszweck folgendermaßen:

„Ich möchte der Frage nach dem eigentlichen Existenzgrund eines Unternehmens nachgehen. Anders gesagt: Wozu sind wir überhaupt da? Viele Menschen gehen meines Erachtens fälsch-

licherweise davon aus, dass der einzige Zweck eines Unternehmens die Erwirtschaftung von Gewinnen sei. Auch wenn dies ein wichtiges Ergebnis unternehmerischer Aktivität sein mag, so müssen wir doch tiefer ansetzen und die eigentlichen Gründe für die Existenz unseres Unternehmens aufdecken."

Zusammen bilden Grundwerte und Unternehmenszweck für ein Unternehmen das, was die Lebensphilosophie für einen Menschen ist: eine Art „genetischen Code" – hintergründig und doch als gestaltende Kraft jederzeit spürbar.

Strategische Ausrichtung

Die strategische Ausrichtung konzentriert die Kräfte des Unternehmens, sie sollte lebhaft und fassbar sein – ein Stück Realität und zugleich ein Bild von der Zukunft, in dem sich Träume, Hoffnungen und Erwartungen spiegeln. Anders als Grundwerte und Unternehmenszweck, die als tragende Fundamente im Hintergrund bleiben, steht die strategische Ausrichtung im Vordergrund und lenkt die Aufmerksamkeit aller im Unternehmen auf ein konkretes Ziel, das kühn, gefühlsbetont und herausfordernd formuliert ist.

WAS BRINGT ES?

Eine strategische Ausrichtung wirkt in Kombination mit Grundwerten und festem Unternehmenszweck auf drei verschiedene Arten:

1. Bei der TQM-Einführung werden u. a. dezentrale Strukturen gebildet und Entscheidungskompetenzen und Verantwortung auf die unteren Hierarchieebenen verlagert. Daraus ergibt sich das Problem, dass Mitarbeiter zwar selbständige Entscheidungen treffen sollen, gleichzeitig aber eine abgestimmte Vorgehensweise des gesamten Un-

ternehmens notwendig ist. Durch die strategische Ausrichtung auf Basis der Grundwerte und des Unternehmenszwecks erhalten die Mitarbeiter einen Orientierungs- und Bekenntnisrahmen, der unmissverständlich deutlich macht, wohin die Einführung des TQM führen soll. Ihnen werden gleichsam die Spielfeldgrenzen aufgezeigt, innerhalb der sie sich frei bewegen können.

2. Grundwerte und Unternehmenszweck bilden einen festen Kern, der Veränderungen den notwendigen Halt gibt. Ferner werden die Veränderungen auf ein gemeinsames Ziel hin ausgerichtet. Dadurch wird vermieden, dass es zu einer Aneinanderreihung einzelner Projekte und Aktivitäten kommt, die den Mitarbeitern zusammenhanglos erscheinen und deren Richtung als Ganzes nicht erkennbar wird.

3. Es wird deutlich, wer zum Unternehmen passt und wer nicht; besonders der Unternehmenszweck trennt die Spreu vom Weizen: Er zieht Menschen an, deren persönliche Ziele und Einstellungen mit denen des Unternehmens in Einklang stehen – andere stößt er ab. Es ist möglich, dass sich einige Mitarbeiter vom Unternehmen trennen, weil ihnen der Unternehmenszweck missfällt – eine *positive* Folge, denn es ist gut, wenn unstimmige Verbindungen aufgelöst werden. Auf der anderen Seite bestärkt der Unternehmenszweck die angezogenen Menschen – er bestätigt ihre Werte und Einstellungen und bindet sie so stärker an das Unternehmen.

WIE GEHE ICH VOR?

Grundwerte erarbeiten

Die Grundwerte werden in moderierten Gruppenarbeiten, in so genannten Workshops, erarbeitet. Die Gruppe sollte aus Geschäftsführern und Mitarbeitern bestehen, die typische Vertreter dessen sind, wofür das Unternehmen steht – insgesamt etwa zehn bis 15 Personen.

 Die Workshops sollten nicht im Unternehmen stattfinden. Die Erfahrungen zeigen, dass Mitarbeiter häufig ins Büro oder ans Telefon gerufen werden und so keine Ruhe zum Nachdenken finden. Gerade in kurzen, ein- bis zweistündigen Treffen im Unternehmen, zwischen meist hektischen Aktivitäten des Arbeitsalltags, kann ein Teamgefühl kaum aufkommen. Dafür geeignet sind firmenferne Orte in ruhiger, abgeschiedener Lage. Sie unterstützen das Zusammengehörigkeitsgefühl. Die Orte sollten Möglichkeiten der Begegnung und des Austausches bieten.

Um eine Liste von vorläufigen Werten zu erhalten, stellt sich die Gruppe die Frage: Für welche Werte und Überzeugungen setzen wir uns tatsächlich rückhaltlos ein? Dabei muss die Ehrlichkeit im Vordergrund stehen: Wunsch- oder Scheinwerte sollten unbedingt vermieden werden. Floskeln werden von Mitarbeitern nicht ernst genommen, sie sind unglaubwürdig und ärgerlich.

 • Die formulierten Werte können sich auf ganz unterschiedliche Themen beziehen – auf Mitarbeiter, Kunden, Management, Produkte, Prozesse, Gesellschaft, Moral etc.

> • Am Ende sollte sich die Gruppe auf möglichst wenige Grundwerte einigen; beschränken Sie sich wirklich auf eine möglichst geringe Zahl – in der Masse gehen die tragenden Werte unter.

Beispielhafte Grundwerte:

▶ „Maßstab für den Erfolg unseres Handelns ist der Nutzen für unsere Kunden."

▶ „Sieh das Gute im Menschen und versuche, diese Eigenschaft zu entwickeln."

▶ „Wir glauben an Wachstum und Heranbildung: Wir selbst wollen als Individuen wachsen, und wir wollen unser Unternehmen auf lange Sicht aufbauen und wachsen lassen.

Unternehmenszweck formulieren

Auf Basis der Grundwerte wird der Unternehmenszweck erarbeitet. Gruppengröße, -zusammensetzung sowie Ort und Moderator können beibehalten werden. Folgende Fragen sind hilfreich:

▶ „Abgesehen von den wirtschaftlichen Folgen für Mitarbeiter und Eigentümer, warum schließen wir nicht das Unternehmen und verkaufen alle Aktiva und leben von den Bankzinsen?"

▶ „Was ginge der Welt verloren, wenn das Unternehmen aufhörte zu existieren?"

▶ „Warum investieren wir Zeit, Kreativität und Energie in das Unternehmen?"

Formulieren Sie den Unternehmenszweck so, dass er heute und in hundert Jahren gültig ist. Achten Sie darauf, dass Sie nicht einfach ihr aktuelles Produktangebot oder ihre Kunden beschreiben; formulieren Sie mitreißend und lebendig. „Wir stellen Gurte und Airbags für die Automobilindustrie her" ist ungünstig formuliert. Gibt es in hundert Jahren noch Airbags, Gurte oder Autos? Besser ist z. B.: „Wir setzen unsere Kreativität ein, um Menschen zu schützen." So formuliert, wird der Unternehmenszweck unabhängig von technischen und gesellschaftlichen Veränderungen.

Beispiele für die Formulierung eines Unternehmenszwecks:

- „We are ladies and gentlemen serving ladies and gentlemen." (Hotelgruppe)
- „Millionen Menschen glücklich machen." (Unterhaltungs- und Medienkonzern)
- „Der Welt einen Dienst erweisen durch die Herstellung von Werkzeugen für den Geist, die der Menschheit weiterhelfen." (Computerhersteller)

Strategische Ausrichtung festlegen

Durch eine strategische Ausrichtung mit einem Planungshorizont von mindestens fünf Jahren werden die abstrakten Grundwerte und der Unternehmenszweck in ein anspornendes Ziel übersetzt, und zwar unter Berücksichtigung des Umfelds und der Marktbedingungen. Folgende Fragen können helfen, strategische Ziele zu finden:

- „Wo soll unser Unternehmen in fünf, zehn oder 15 Jahren stehen?"
- „Welche Kernkompetenzen besitzen wir, welche müssen wir entwickeln?"

▶ „Wie wird sich unser Markt verändern – wie können wir unseren Einfluss geltend machen?"

▶ „Wie werden sich die Kundenwünsche entwickeln und wie können wir uns darauf einstellen?"

Beispielhafte strategische Ziele:

- „100 % Customer Retention." (Hotelgruppe)
- „We want to be the undisputed leader in customer satisfaction." (Büromaschinenhersteller)
- „Unser Bestreben geht dahin, bis zum Jahre 2000 zu den großen Unternehmen zu gehören – um in der Fahrradbranche das zu sein, was Nike für Sportschuhe und Apple für Computer ist." (Fahrradhersteller)

Grundwerte und Unternehmenszweck verbreiten

Die Untersuchung verschiedener Unternehmen ergibt, dass sich TQM-geführte Unternehmen hinsichtlich der Verankerung von Grundwerten und Unternehmenszweck im Betrieb u. a. in den folgenden Punkten von anderen Unternehmen unterscheiden:

▶ TQM-geführte Unternehmen richten ihre strategischen und operativen Ziele sehr viel stärker an ihren Grundwerten aus als andere.

▶ Grundwerte und Unternehmenszweck werden intensiv verbreitet und dienen als Kristallisationspunkt für die Entwicklung einer qualitätsförderlichen Unternehmenskultur.

▶ Die Grundwerte werden gegenüber den Kunden und der Gesellschaft vermittelt, z. B. in Veröffentlichungen oder Vorträgen.

▶ Bei der Auswahl von Mitarbeitern und Führungskräften orientieren sich TQM-geführte Unternehmen stark an ihren Grundwerten und weniger an den üblichen Leistungsstandards.

 Eine international tätige Hotelgruppe zeigt beispielhaft auf, welche Rolle Grundwerte in der Tagesarbeit spielen können: Dort sind die Mitarbeiter innerhalb der Funktionsbereiche (z. B. Küche, Restaurant, Rezeption) in Teams organisiert. Diese treffen sich täglich zu Schichtbeginn für eine halbe Stunde und besprechen die Bedeutung eines ihrer zwanzig Grundwerte für die anstehende Tagesarbeit. Jeden Tag wird ein andere Grundwert erörtert. Dadurch werden sämtliche Tätigkeiten mit den Grundwerten in Verbindung gebracht und konkrete Verhaltensweisen abgeleitet – die abstrakten Grundwerte werden mit Leben erfüllt.

2.8 Ziele setzen und verfolgen – Ziele und Maßnahmen vertikal und horizontal planen

WORUM GEHT ES?

Mit Hilfe eines unternehmensweiten Zielsystems werden strategische Ziele mit einem Planungshorizont von fünf und mehr Jahren auf Jahresziele konkretisiert. Dazu wird den strategischen Zielen die aktuelle Situation des Unternehmens gegenübergestellt, es kommt zu einem Soll-Ist-Vergleich: Das strategische Ziel beschreibt den Sollzustand für die Zukunft, während die Situation des Unternehmens den Ist-Zustand der Gegenwart wiedergibt. Werden Soll und Ist miteinander verglichen, so ergeben sich Differenzen, die durch Veränderungen und Verbesserungen des gesamten Unternehmens abgebaut werden müssen, wenn der Sollzustand erreicht werden soll. Die notwendigen Verbesserungen sind die Ziele, die es zu erreichen gilt; sie werden nach Wichtigkeit und Ablauf geordnet und zu Jahrespaketen zusammengeschnürt. So verfahren, ergeben sich die Jahresziele aus notwendigen Systemverbesserungen – die Zielplanung wird zur Verbesserungsplanung.

Die Ziele des aktuellen Jahres werden in Teilziele aufgeteilt, diese wiederum den entsprechenden Verantwortungsbereichen zugeordnet und mit Maßnahmen kombiniert. Die allgemein formulierten Unternehmensziele werden dadurch immer mehr in die „Sprache" der umsetzenden Bereiche und Prozesse übersetzt. Über die Maßnahmen ergibt sich ein konkretes Bild davon, was der Einzelne zum Erreichen der Jahresziele beitragen kann.

Die Aufteilung der Jahresziele wird „Policy Deployment" genannt – eine amerikanische Bezeichnung für den japanischen Begriff „Hoshin Kanri", dessen Wortbedeutung mit „Management der Methode zur strategischen Richtungsweisung" übersetzt werden kann. Im Gegensatz zum Management by Objectives (MBO) verläuft die Aufteilung (Deployment) der Jahresziele nicht nur in vertikaler, sondern auch in horizontaler Richtung: Vertikal werden die Unternehmensziele top-down und bottom-up erarbeitet. Dazu werden Ziele und Maßnahmen unter Berücksichtigung spezifischen Fachwissens geplant und horizontal mit den Kundenwünschen und Fähigkeiten der Prozesse abgestimmt. Durch dieses Vorgehen wird das gesamte Unternehmen am Planungsprozess beteiligt.

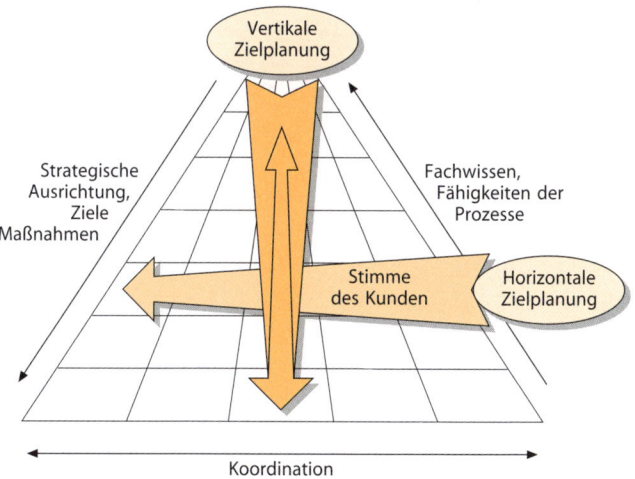

Bild 17: *Vertikale und horizontale Planungsmaßnahmen*

Quelle: In Anlehnung an Conti, T.: Building Total Quality, Chapmann & Hall, London 1993, S. 152.

Jedes Ziel im Unternehmen wird von vier Faktoren bzw. Blickrichtungen bestimmt – der MBO-Ansatz berücksichtigt in seiner autoritären Form demgegenüber nur die Beziehung zwischen dem betrachteten und dem Ziel der darüber liegenden Hierarchieebene (Ziel des Vorgesetzten). Es wird klar, dass ein Ziel erst dann festgelegt werden kann, wenn Informationen über alle bestimmenden Faktoren vorliegen.

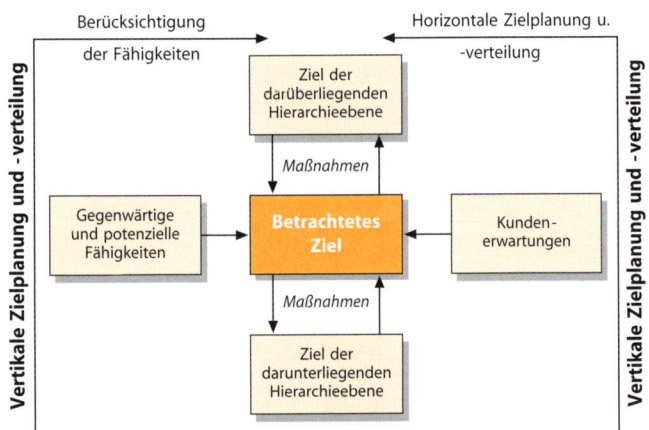

Bild 18: *Horizontale und vertikale Einflussfaktoren bei der Zielfestlegung*

Quelle: In Anlehnung an Conti, T.: Building Total Quality, Chapmann & Hall, London 1993, S. 157.

WAS BRINGT ES?

Die Vorteile einer sowohl vertikalen als auch horizontalen Planung der Ziele ergeben sich aus den Nachteilen einer rein vertikalen oder rein horizontalen Zielplanung, die durch die beiden folgenden Extrembeispiele verdeutlicht werden:

In einer autoritär geführten Firma ist die gesamte Zielplanung allein Sache des Top-Managements. Die Unternehmensziele werden von oben festgesetzt, alle Führungskräfte müssen ihre Ziele diesen Vorgaben entsprechend ausrichten. Auch wenn vielleicht sogar jeder Mitarbeiter erkennt, welche Ziele er erreichen muss und wie sie zu den Jahreszielen passen, so weist dieses Vorgehen gegenüber dem Policy Deployment folgende Schwächen auf:

▶ Die Verbindung zwischen Zielen und Kundenerwartungen bleibt unklar. („Ich muss das machen, weil ich die Vorgaben von oben erfüllen muss.")
▶ Es gibt keine Aussage über die Erfolgswahrscheinlichkeit der Ziele, weil die aktuellen Fähigkeiten bzw. Möglichkeiten häufig unberücksichtigt bleiben.
▶ Es ist keine Aussage darüber möglich, ob Teilziele nicht auf Kosten anderer Bereiche erreicht werden; es werden einzelne Funktionsbereiche optimiert.

Im zweiten Beispiel definiert die oberste Leitung keine strategische Ausrichtung und keine Jahresziele. Daraufhin entwickelt jeder Bereich eigene Pläne auf Basis vorliegender Kundenwünsche – innerhalb des Unternehmens geschieht dies durch eine horizontal verlaufende Absprache der Ziele: Der Zielfindungsprozess beginnt beim Kunden und läuft zurück bis zur Quelle der Prozesse. Dieses Vorgehen beinhaltet folgende Schwächen:

▶ Einzelne Prozesse orientieren sich zwar an den Wünschen der Kunden, werden jedoch nicht untereinander abgestimmt und auf ein gemeinsames Ziel ausgerichtet.
▶ Veränderungen, die eine strategische Neuorientierung erfordern, werden nur verspätet über die Veränderungen der Kundenwünsche wahrgenommen.

▶ Es fehlt die Möglichkeit, schnelle und einschneidende Veränderungen der bestehenden Prozessstruktur durchzuführen.

MBO	*Policy Deployment*
• Ergebnisorientierte Herangehensweise; die Methodenwahl bleibt dem Einzelnen überlassen.	• Es werden sowohl die Herangehensweise, die Methoden als auch die Ergebnisse betrachtet.
• Jeder ist für seine Ergebnisse verantwortlich.	• Im Vordergrund steht die Verbesserung der Prozesse, häufig mit funktionsübergreifendem Ausmaß.
• Ziele sind häufig „geheime" Abmachungen zwischen Führungskräften und ihren Mitarbeitern.	• Ziele und Methoden sind innerhalb des Unternehmens allgemein zugängliche Informationen, so dass sie jeder verstehen und bei Bedarf seine Hilfe anbieten kann.
• Das (Nicht-)Erreichen numerischer Zielgrößen wird dazu benutzt, einzelne Mitarbeiter auszuzeichnen oder zu disziplinieren.	• Weichen die Ergebnisse von den geplanten Zielen ab, werden Analysen vorgenommen, um die Prozesse zu verstehen und verbessern zu können.
• Das Erreichen numerischer Zielgrößen ist **das** Kriterium für Erfolg.	• Das Verwenden der geeignetsten Methode, um ein Ziel zu erreichen, ist das wichtigste Kriterium für Erfolg.
• Der Vorgesetzte ist der wichtigste Mensch, den es zufrieden zu stellen gilt.	• Die internen und externen Kunden sind die Menschen, die es zufrieden zu stellen gilt.
• Tendenziell erfolgt eine Optimierung von Sub-Prozessen.	• Tendenziell wird das Unternehmen als Ganzes optimiert.

Bild 19: *MBO und Policy Deployment: Unterschiede in der Praxis*

Quelle: Deming, W. E.: Implementing Dr. Deming's Methods for Management of Productivity and Quality, Vortragsmanuskript, Washington 1990.

WIE GEHE ICH VOR?

Soll-Ist-Vergleich durchführen

Die oberste Leitung führt einen Soll-Ist-Vergleich zwischen den strategischen Zielen (Soll-Komponente) und den vorhandenen und potentiellen Fähigkeiten des Unternehmens (Ist-Komponente) durch. Die Liste der Differenzen zwischen Soll und Ist zeigt notwendige Veränderungen bzw. Verbesserungen des bestehenden Unternehmenssystems auf.

 Wenn keine Informationen über die Fähigkeiten des Unternehmens vorliegen, sollten Sie zuerst eine Selbstbewertung (Self-Assessment) des Unternehmenssystems durchführen.

Jahresziele definieren

Auf Grundlage der Differenzen-Liste erarbeitet die oberste Leitung mögliche Jahresziele und trifft eine Auswahl der Ziele höchster Priorität, und zwar nach den folgenden Kriterien:

▶ Wichtigkeit aus Sicht der Kunden
▶ Möglichkeiten, einen Wettbewerbsvorteil gegenüber den Konkurrenten zu erreichen
▶ Dringlichkeit der Verbesserung.

Vorrangige Ziele zur Diskussion stellen

Die Ziele höchster Priorität werden dem gesamten Management mit der Frage vorgelegt: „Wenn das unsere Ziele für das nächste Jahr wären, welche Maßnahmen würden Sie treffen?" Die Antworten, so genannte „Was-wäre-wenn-Maßnahmen" („what if action plans"), geben der obersten Lei-

tung einen Eindruck davon, ob das Management die ausgewählten Ziele verstanden hat und welche Reaktionen zu
erwarten sind. Auf diese Weise wird das gesamte Management in den Planungsprozess miteinbezogen. Die oberste
Leitung passt die Ziele anschließend unter Berücksichtigung
der Antworten gegebenenfalls an und gibt sie für die Verteilung auf die Verantwortungsbereiche frei.

Verteilung (Deployment) der Ziele

Innerhalb des Policy Deployment werden Ziele erst dann
nach unten weitergegeben, wenn die Verträglichkeit von
Maßnahmen und Zielen mit der direkt untergeordneten Hierarchieebene überprüft worden ist. Die Maßnahmen, die geplant wurden, um die Ziele der oberen Ebene zu erreichen,
werden zu Zielen auf der darunter liegenden Ebene.

• Der Vorgesetzte sollte sich zusammen mit seinen
Mitarbeitern davon überzeugen, dass zu den vor-
geschlagenen Zielen auch geeignete Maßnahmen auf der unteren Ebene existieren.
• Gehen Sie während der gesamten Verteilung der Ziele auf
die Verantwortungsbereiche nach dem Zuwurfsprinzip vor:
Es beschreibt eine ausgiebige horizontale und vertikale
Kommunikation. Vorgesetzte „werfen Bälle" in Form von
Meinungen, Wünschen und Zielen anderen Führungskräften zu und „fangen" deren Reaktionen bereitwillig wieder
auf. Dabei spielen sie den „Ball" nicht nur einmal hin und
her, sondern viele Male, in verschiedene Richtungen und
mit verschiedenen Geschwindigkeiten, bis die Stafette
von Würfen so angepasst ist, dass die „Bälle" von allen gut
„geworfen" und „gefangen" werden können.

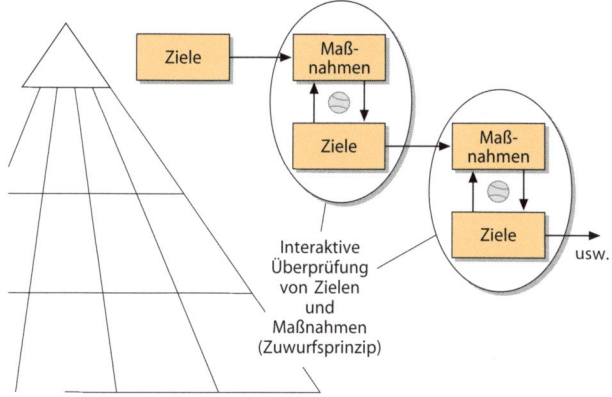

Bild 20: *Interaktive Überprüfung von Zielen und Maßnahmen zwischen allen Hierarchieebenen*

Vertikale und horizontale Zielplanung aufeinander abstimmen

Auf dem Weg zur untersten Hierarchieebene stößt das vertikale Vorgehen auf den zu verändernden Prozess. Hier, auf der Prozessebene, wird die vertikale und horizontale Abstimmung der Ziele besonders anschaulich: Die vertikale Zielverteilung kreuzt die horizontale Harmonisierung des Prozesses mit den Kundenerwartungen. Das betrachtete Ziel kann aus vier Richtungen verifiziert werden: vertikal durch Ziele der darunter und darüber liegenden Hierarchieebenen und horizontal durch die Kundenerwartungen und die vorhandenen bzw. potentiellen Fähigkeiten der Prozesse. Die Güte eines Ziels kann nicht nur auf der Prozessebene überprüft werden. Im folgenden Bild sind die Schnittpunkte zwischen vertikaler und horizontaler Zielplanung beispielhaft für vier Hierarchieebenen dargestellt.

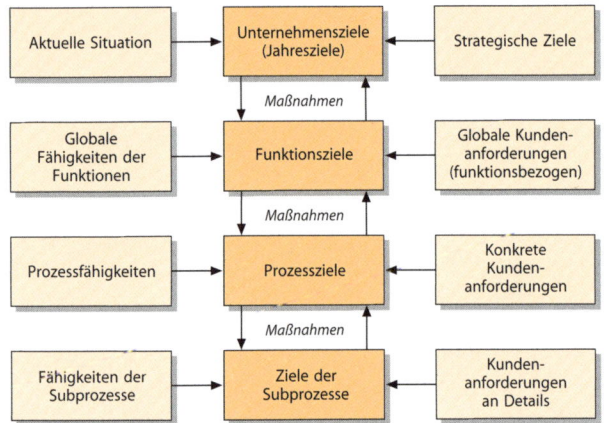

Bild 21: *Schnittpunkte zwischen vertikaler und horizontaler Zielplanung*

Quelle: In Anlehnung an Conti, T.: Building Total Quality, Chapmann & Hall, London 1993, S. 157.

- Ohne die Berücksichtigung der Fähigkeiten kann es bei der horizontalen Betrachtung dazu kommen, dass die internen Kunden von ihren Lieferanten eine in allen Belangen perfekte Leistung fordern. Dies führt zu unerfüllbaren Forderungen, die die vorhandenen Möglichkeiten nicht berücksichtigen, den Lieferanten überfordern und dem gesamten horizontalen Planungsprozess schaden.
- Die Qualitätstechnik Quality Function Deployment ist ein geeignetes Instrument, um die horizontale Planung der Ziele systematisch durchzuführen (vgl. Prinzip 9).

Indikatoren festlegen

Alle Ziele und Maßnahmen werden mit Indikatoren versehen, mit deren Hilfe Fortschritte gemessen und Planungsabweichungen erkannt werden können.

- Beurteilen Sie weder Führungskräfte noch deren Mitarbeiter ausschließlich danach, ob messbare Planungsziele erreicht wurden oder nicht. Untersuchen Sie stattdessen, ob geeignete Planungs- und Verbesserungsmethoden verwendet werden – unterstützen Sie Ihre Mitarbeiter bei Bedarf.
- Verwenden Sie messbare, in Zahlen ausgedrückte Planungsziele erst dann, wenn das gesamte Unternehmen versteht, dass Ziele nur zur Planung und nicht zur Bewertung von Mitarbeitern verwendet werden.

Umsetzungsmaßnahmen in regelmäßigen Abständen überprüfen

Die Umsetzungsmaßnahmen werden in regelmäßigen Abständen überprüft – bei Planungsabweichungen werden die Ursachen ermittelt und korrigierende Maßnahmen eingeleitet.

Konzentrieren Sie sich bei der Ursachenanalyse auf die verwendeten Methoden, nicht auf die Personen, die sie anwenden.

Bereits erzielte Verbesserungen standardisieren

Sobald es möglich ist, werden erzielte Verbesserungen standardisiert. Aufgetretene Probleme und deren Lösungen sollten dokumentiert werden, um die Erfahrungen allen Mitarbeitern zugänglich zu machen. Die TQM-Einführung wird im Unternehmen durch die Verbreitung erfolgreicher Methoden, Techniken u. a. maßgeblich stabilisiert.

Den gesamten Planungs- und Umsetzungsprozess
jährlich überprüfen

Am Ende des Jahres wird der gesamte Planungs- und Umsetzungsprozess hinterfragt. Während bei der Überprüfung der Umsetzungsmaßnahmen vordergründig die konkrete Umsetzung der geplanten Maßnahmen betrachtet wird, um bei Bedarf Korrekturmaßnahmen vorzunehmen, steht hier der gesamte Policy Deployment-Prozess auf dem Prüfstand. Die Überprüfung wird vom Geschäftsführer persönlich in Zusammenarbeit mit ausgewählten Mitgliedern des Top-Managements durchgeführt.

Folgende Fragen sollten bei der Überprüfung beantwortet werden:

- Waren alle genutzten Informationen korrekt?
- Wurden bei der Festlegung der Indikatoren die aktuellen und potentiellen Fähigkeiten des Unternehmens richtig eingeschätzt?
- Welche Schwierigkeiten sind aufgetreten, die während der Planung nicht berücksichtigt wurden?
- Waren die geplanten Maßnahmen und die verwendeten Methoden geeignet, um die numerischen Ziele zu erreichen?

2.9 Präventive Maßnahmen der Qualitätssicherung – Fehler vermeiden

WORUM GEHT ES?

Selbst Hundert-Prozent-Kontrollen erhöhen die Qualität nicht. Die Abhängigkeit von ihnen ist lediglich ein Zeichen dafür, dass die Produktionsprozesse die Spezifikationen nicht erfüllen können und dass Fehler sogar erwartet werden. Kontrollen setzten zu spät an, sind ineffektiv und teuer. Wird ein Fehler gefunden, wurde bereits Arbeitszeit und Material dafür aufgewendet. Qualität lässt sich nicht in ein Produkt „hineinkontrollieren", sie ist vielmehr durch präventive Maßnahmen zu sichern, die möglichst früh ansetzen, und zwar schon bei der Produktentwicklung, Planung und Realisierung der Produktionsanlagen sowie fortlaufend während des gesamten Produktionsprozesses.

Das Ziel der Anwendung präventiver Maßnahmen der Qualitätssicherung ist es, unabhängig von Kontroll- und Sortiermaßnahmen eine gleichbleibend hohe Prozess- und Produktqualität gewährleisten zu können. Das schließt umfangreiche Endkontrollen, die die Wirksamkeit der präventiven Maßnahmen fortlaufend überprüfen, vor Auslieferung an den Kunden nicht aus.

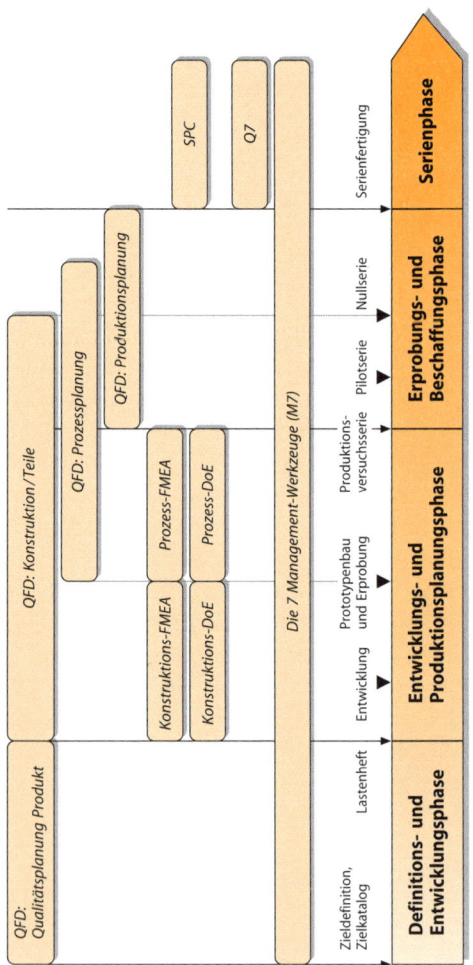

Bild 22: *Systematischer Einsatz der Qualitätstechniken*

Der Schlüssel zur vorbeugenden Qualitätssicherung liegt in einem systematischen Einsatz von Qualitätstechniken. Diese sind darauf ausgelegt, Fehler von vornherein zu vermeiden, Produkte gegen Störgrößen unempfindlich zu machen, die Wünsche der Kunden systematisch zu berücksichtigen und das Streuungsverhalten der Prozesse zu überwachen. Zu nennen sind vor allem Quality Function Deployment (QFD), Fehlermöglichkeits- und -einflussanalyse (FMEA), Versuchsplanung (Design of Experiments, DoE), statistische Prozessregelung (Statistical Process Control, SPC), die sieben Qualitätswerkzeuge (Q7) und die sieben Management-Werkzeuge (M7) (siehe hierzu: Pocket Power „Qualitätstechniken").

WAS BRINGT ES?

Fehlern präventiv zu begegnen bedeutet, ihre Ursachen schon im Vorfeld zu erkennen und zu beseitigen. Auf diese Weise treten die meisten Fehler gar nicht mehr auf. Mit dieser Strategie werden auch Folgefehler, die – dem Schneeballeffekt ähnlich – entstehen können, im Ansatz bekämpft. Die Einsparungsmöglichkeiten lassen sich mit Hilfe der so genannten Zehnerregel abschätzen. Nach dieser steigen die Kosten der Fehlerbehebung für einen Fehler, der in der Entwicklung entstanden ist und erst in der Ablaufplanung behoben wird, bereits um das Zehnfache. Wird der Fehler erst in der Fertigung behoben, erhöhen sich die Kosten noch einmal um den Faktor zehn. Entsprechendes gilt für die Fehlerbeseitigung während der Prüfung und schließlich im Einsatz.

Erfahrungen zeigen, dass ca. 70 Prozent aller Fehler bis zur Ablaufplanung entstehen, jedoch zu 80 Prozent erst während der Prüfung und im Einsatz beseitigt werden. Es ist offensichtlich, dass durch eine präventive Strategie erhebliche Kosten eingespart werden können. Zwar erfordern sie einen erhöhten Ressourceneinsatz (Aufwand) in frühen Phasen des Produktentstehungsprozesses, der jedoch durch überproportionale Einsparungen in Folgephasen mehr als kompensiert wird.

Nach einer Untersuchung von deutschen Unternehmen konnte der Ausschussanteil durch den Einsatz von Qualitätstechniken um 15 bis 26 Prozent verringert werden. Ähnliche Zahlen ergeben sich für die Nacharbeit – 16 bis 24 Prozent lassen sich einsparen.

WIE GEHE ICH VOR?

Zusammenwirken und Nutzen der Qualitätstechniken klären

Wenn innerhalb des Unternehmens keine Erfahrungen mit Qualitätstechniken vorliegen, sollte ein externer Wissensträger die Einführung unterstützen. In einem Orientierungsseminar, das von diesem organisiert und durchgeführt wird, werden ausgewählten Führungskräften Anwendung und Zusammenwirken der Qualitätstechniken sowie deren Nutzen aufgezeigt.

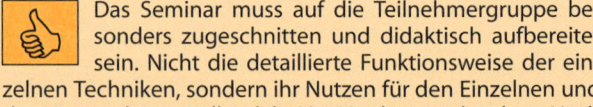

Das Seminar muss auf die Teilnehmergruppe besonders zugeschnitten und didaktisch aufbereitet sein. Nicht die detaillierte Funktionsweise der einzelnen Techniken, sondern ihr Nutzen für den Einzelnen und das Unternehmen sollte dabei im Vordergrund stehen. Nach dem Seminar sollten die Führungskräfte in der Lage sein, selbständig zu entscheiden, wo im Unternehmen welche Qualitätstechnik erprobt werden soll.

Vertiefungstraining durchführen

Das Vertiefungstraining gliedert sich in Vertiefungsseminare zu einzelnen Qualitätstechniken für Führungskräfte, „Train the Trainer-Workshops" und Pilotprojekte. Es wird in enger Zusammenarbeit mit dem externen Wissensträger durchgeführt. In den Vertiefungsseminaren werden Führungskräfte zu Experten einzelner Qualitätstechniken ausgebildet; sie übernehmen später eine Beraterfunktion im Unternehmen.

In „Train the Trainer-Workshops" werden Moderatoren auf die Anwendung der Qualitätstechniken vorbereitet. Danach führen fachübergreifende Teams unter Anleitung Pilotprojekte zu einzelnen Qualitätstechniken durch, um Praxiserfahrungen zu sammeln.

- Interne Experten einzelner Qualitätstechniken sollten immer aus dem Fachbereich stammen, der das größte Interesse an der Anwendung dieser besonderen Technik hat.
- Alle internen Experten sollten sich zu einem Expertenpool zusammenschließen, um Erfahrungen auszutauschen. Dieser Pool wird zur Wissensbasis für Qualitätstechniken.
- Achten Sie bei der Auswahl der Pilotprojekte darauf, dass die Einstiegsbeispiele nicht zu kompliziert sind! So kann beispielsweise die Anwendung des House of Quality im Rahmen eines QFD-Projekts mit einer großen Zahl von Kundenanforderungen schnell unübersichtlich und schließlich unbeherrschbar werden.

Anwendungsgruppen einführen

Nach der praxisgerechten Vorbereitung des Vertiefungstrainings werden das Wissen und die Erfahrung in Anwendungsgruppen umgesetzt, anfangs auch mit methodischer

Unterstützung von externen Experten, später zunehmend selbständig. Im Rahmen der ständigen Verbesserung (vgl. Prinzip 10) werden fördernde und hemmende Faktoren der Anwendung regelmäßig bestimmt und Verbesserungen vorgenommen.

 Achten Sie darauf, dass die Qualitätstechniken, und damit präventive Qualitätssicherungsmaßnahmen, zu einem festen Bestandteil der täglichen Arbeit im Unternehmen werden!

Qualitätstechniken als Führungsinstrument nutzen

Durch die Qualitätstechniken stehen den Führungskräften hochverdichtete Kennzahlen zur Verfügung, wie z. B. die Risikoprioritätszahl (RPZ) der FMEA und der Prozessfähigkeitsindex der SPC. Diese Indikatoren geben Aufschluss über Risikopotentiale sowie Qualitätsfähigkeit und können als Entscheidungshilfe von der Führung genutzt werden (vgl. Prinzip 14).

2.10 Ständige Verbesserung auf allen Ebenen – Kaizen anwenden

WORUM GEHT ES?

Der japanische Begriff „Kaizen" bedeutet Veränderung zum Besseren und drückt das Streben nach ständiger Verbesserung aus. Dabei ist Kaizen nicht als Technik oder Methode zu verstehen, die bei Bedarf zur Lösung eines akuten Problems angewendet wird, sondern als nie endender kontinuierlicher Verbesserungsprozess (KVP).

Der Verbesserungsprozess selbst gliedert sich in die Aktivitäten Planen (Plan), Ausführen (Do), Überprüfen (Check) und Anpassen (Act); diese Abfolge wird als PDCA-Zyklus oder Deming-Zyklus bezeichnet: Zunächst wird ein Plan für eine Verbesserung entwickelt (Plan); angestrebte Änderungen werden definiert, Maßnahmen und Methoden ausgewählt, messbare Indikatoren festgelegt und mögliche Hindernisse besprochen. Anschließend werden die Maßnahmen durchgeführt (Do). Die Wirksamkeit der Methoden und Maßnahmen wird mit Hilfe der Indikatoren überprüft (Check), gute Ergebnisse werden standardisiert und Planungsabweichungen einer Ursachenuntersuchung unterzogen. Die Erfahrungen werden genutzt, um weitere Aktivitäten und den erneuten Zyklusdurchlauf anzupassen (Act) – der Verbesserungsprozess selbst wird verbessert.

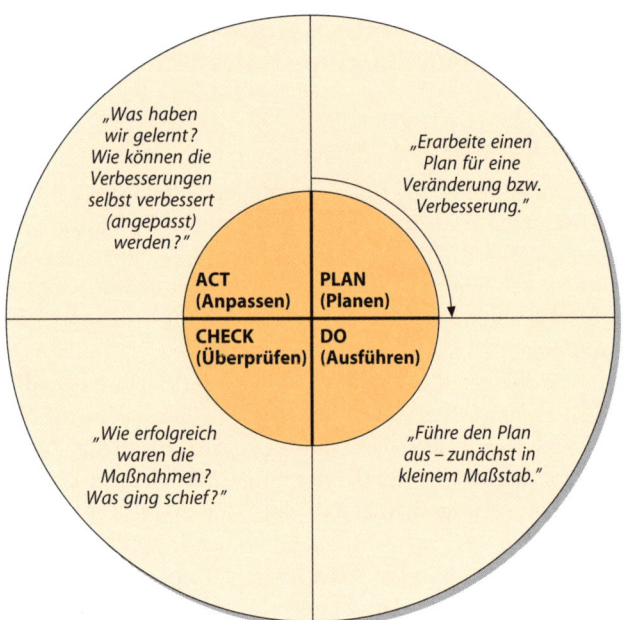

Bild 23: *Der Plan-Do-Check-Act-Zyklus*

Personenorientiertes Kaizen

Die Aktivitäten der ständigen Verbesserung können in personen-, gruppen- und managementorientiertes Kaizen eingeteilt werden. Das personenorientierte Kaizen bezieht sich auf die Verbesserungen am eigenen Arbeitsplatz, die mit gesundem Menschenverstand – evtl. unterstützt durch die sieben Qualitätssicherungstechniken (Q7) – vorgenommen werden (vgl. Prinzip 9). Das Kaizen-Programm beginnt damit, dass Mitarbeiter gegenüber der Änderung und Verbesserung ihrer eigenen Arbeitsweise eine positive Einstellung entwickeln. Ist diese Geisteshaltung fester Bestandteil des Unternehmens, so werden die personenbezogenen Kaizen-Aktivitäten von allen Mitarbeitern auf sämtlichen Hierarchieebenen kontinuierlich durchgeführt. Die Verbesserungen bleiben dabei immer auf den persönlichen Arbeitsplatz beschränkt.

Systematisiert wird das personenorientierte Kaizen durch das Vorschlagswesen, das besonders den motivierenden Aspekt der positiven Mitwirkung der Mitarbeiter betonen sollte und nicht etwa den direkten wirtschaftlichen Nutzen der Vorschläge.

Gruppenorientiertes Kaizen

Verbesserungsmaßnahmen, deren Auswirkungen über einzelne Arbeitsplätze hinausgehen, aber auf einen Arbeitsbereich beschränkt bleiben, werden innerhalb des gruppenorientierten Kaizen durchgeführt. Organisiert in Qualitätszirkeln, einer kleinen Gruppe von ca. fünf bis zwölf Teilnehmern, bearbeiten Mitarbeiter in einzelnen Arbeitsbereichen auftretende Probleme freiwillig und selbständig unter Verwendung der Q7 und M7 (vgl. Prinzip 9).

Managementorientiertes Kaizen

Probleme, die innerhalb des bestehenden Systems nicht gelöst werden können, verlangen nach einer Veränderung des Systems. Hier findet das managementorientierte Kaizen in Form des Policy Deployment bzw. des Hoshin Kanri Anwendung (vgl. Prinzip 8). Im Gegensatz zu den personen- und gruppenorientierten Kaizen-Aktivitäten werden Veränderungen nicht *im*, sondern *am* System vorgenommen. Ein weiterer Unterschied besteht in der Herangehensweise: Personen- und gruppenorientierte Aktivitäten basieren auf dem Grundsatz der Freiwilligkeit und Selbstbestimmung, d. h. Themenauswahl, Gruppenbildung und Realisierung der Verbesserungen liegen, soweit möglich, im Verantwortungsbereich der Zirkelmitglieder – das Management übernimmt eine unterstützende Funktion. Systemverbesserungen des managementorientierten Kaizen haben unternehmensweite Auswirkungen, so dass Maßnahmen vom Management aufeinander abgestimmt werden müssen – das Management übernimmt hier eine dirigierende Funktion.

WAS BRINGT ES?

Die ständige Verbesserung hat sowohl auf die Mitarbeiter als auch auf das Unternehmen Auswirkungen, im folgenden Bild sind die wesentlichen aufgeführt:

Auswirkungen auf die Mitarbeiter	Auswirkungen auf die Firma
• Gesteigertes Selbstvertrauen durch individuelles und gemeinschaftliches Lösen von Problemen • Stärkere Identifikation mit dem Unternehmen durch Mitbestimmungsmöglichkeiten am Arbeitsablauf • Erhöhte Arbeitszufriedenheit durch Mitgestaltung des eigenen Arbeitsplatzes • Geringerer Krankenstand	• Verbesserte Arbeitsprozesse • Verbesserung der Zusammenarbeit auch zwischen den Bereichen • Reduzierung von Entwicklungs- und Produktionskosten • Erhöhte Wettbewerbsfähigkeit

Bild 24: *Auswirkungen der ständigen Verbesserung*

WIE GEHE ICH VOR?

Das personen- und gruppenorientierte Kaizen unterscheidet sich in der Herangehensweise sehr stark vom managementorientierten Kaizen, das in Form des Policy Deployment die Zielplanung zur Verbesserungsplanung macht. Das detaillierte Vorgehen des managementorientierten Kaizen wird innerhalb des 8. Prinzips erläutert.

 Achten Sie darauf, dass gerade bei den personen- und gruppenorientierten Kaizen-Aktivitäten der motivierende Aspekt der aktiven Mitwirkung und Selbstbestimmung der Mitarbeiter im Vordergrund steht und nicht etwa der direkte wirtschaftliche Nutzen einer Verbesserung.

Die „5 S" schrittweise einführen und anwenden

Die so genannten „5 S" eignen sich hervorragend, um die ständige Verbesserung im Unternehmen einzuführen. Sie sind nach den Anfangsbuchstaben von fünf japanischen Begriffen benannt und können sogar von jedem Mitarbeiter in Eigeninitiative angewendet werden.

▶ **Seiri – Ordnung schaffen**
„Trennen Sie Notwendiges von nicht Notwendigem und entfernen Sie alles Unnötige vom Arbeitsplatz! Dies bezieht sich speziell auf zu hohe Umlaufbestände, unnötiges Werkzeug, unnötige Maschinen, überflüssige Papiere und Dokumente."

▶ **Seiton – Ordnungsliebe, jeden Gegenstand am richtigen Ort aufbewahren**
„Erhalten Sie die geschaffene Ordnung, indem die notwendigen Arbeitsmittel in einwandfreien Zustand ge-

bracht und griffbereit an ihrem Platz aufbewahrt werden!"

▶ **Seiso – Sauberkeit**
„Halten Sie den Arbeitsplatz sauber!"

▶ **Seiketsu – persönlicher Ordnungssinn**
„Machen Sie sich Sauberkeit und Ordnung zur Gewohnheit – beginnen Sie damit an Ihrem Arbeitsplatz!"

▶ **Shitsuke – Disziplin**
„Halten Sie Standards, Regeln und Vorschriften ein!"

Vorschlagswesen aufbauen

Die 5 S dienen in erster Linie dazu, den Sollzustand der Arbeitsplätze zu erreichen und zu erhalten. Weitere Veränderungen und Verbesserungen werden durch das Vorschlagswesen vorgenommen. Bei dessen Aufbau sollten folgende Punkte beachtet werden:

▶ Mitarbeiter sollten dazu motiviert werden, auch den kleinsten Verbesserungsvorschlag einzureichen.

▶ Formalien sollten auf ein Minimum reduziert werden.

▶ Verbesserungsvorschläge, die sich auf den Arbeitsplatz des Einreichers beschränken, dürfen von ihm selbständig umgesetzt werden, wenn sie nicht innerhalb einer Woche abgelehnt werden.

▶ Mitarbeiter müssen über die Hintergründe aufgeklärt werden, falls ein Vorschlag nicht umgesetzt werden kann.

▶ Es sollte ein Anerkennungssystem entwickelt werden, das Kreativität, Anwendbarkeit und Anzahl der Verbesserungsvorschläge berücksichtigt.

▶ Anzahl und Qualität der Verbesserungen sollten bei der Personalbewertung berücksichtigt werden.

Problemlösungsfähigkeit der Mitarbeiter verbessern

Die Problemlösungsfähigkeit der Mitarbeiter wird durch Schulungen verbessert – thematisch sollten sich die Schulungen auf die Anwendung des PDCA-Zyklus, der Q7 und M7 (vgl. Prinzip 9) sowie geeigneter Checklisten konzentrieren, die die Fehler- und Problemsuche systematisieren. Die folgenden Bilder bieten eine Auswahl solcher Checklisten:

Bild 25: *Die 3-Mu-Checkliste*

Quelle: In Anlehnung an Imai, M.: Kaizen – Der Schlüssel zum Erfolg der Japaner, 2. Auflage, Ullstein Verlag, Berlin u. a. 1993, S. 273.

Wer?	Was?
1. Wer macht es? 2. Wer macht es gerade? 3. Wer sollte es machen? 4. Wer kann es noch machen? 5. Wer soll es noch machen? 6. Wer macht die „3 Mu"?	1. Was ist zu tun? 2. Was wird gerade getan? 3. Was sollte getan werden? 4. Was kann noch gemacht werden? 5. Was soll noch gemacht werden? 6. Welche „3 Mu" werden gemacht?
Wann?	**Warum?**
1. Wann wird es gemacht? 2. Wann wird es wirklich gemacht? 3. Wann soll es gemacht werden? 4. Wann kann es sonst gemacht werden? 5. Wann soll es noch gemacht werden? 6. Wann werden die „3 Mu" gemacht?	1. Warum wird es gemacht? 2. Warum soll es gemacht werden? 3. Warum wird es hier gemacht? 4. Warum wird es nicht anders gemacht? 5. Warum wird es so gemacht? 6. Gibt es die „3 Mu" in der Art zu denken?
Wo?	**Wie?**
1. Wo soll es getan werden? 2. Wo wird es getan? 3. Wo sollte es getan werden? 4. Wo könnte es noch gemacht werden? 5. Wo soll es noch gemacht werden? 6. Wo werden die „3 Mu" gemacht?	1. Wie ist es zu machen? 2. Wie wird es gemacht? 3. Wie soll es gemacht werden? 4. Kann diese Methode auch in anderen Bereichen angewendet werden? 5. Wie kann es noch gemacht werden? 6. Gibt es die „3 Mu" in der Methode?

Bild 26: *Die 6-W-Checkliste*

Quelle: In Anlehnung an Imai, M.: Kaizen – Der Schlüssel zum Erfolg der Japaner, 2. Auflage, Ullstein Verlag, Berlin u. a. 1993, S. 277 f.

Mensch	Maschine (Anlage)
1. Befolgt er die Standards?	1. Genügt sie den Anforderungen der Produktion?
2. Ist seine Arbeitseffizienz akzeptabel?	2. Erfüllt sie die Anforderungen der Prozesse?
3. Denkt er problembewusst?	3. Wird sie regelmäßig gewartet?
4. Ist er verlässlich?	4. Reicht die Inspektion aus?
5. Ist er ausreichend qualifiziert?	5. Führen (mechanische) Probleme häufig zum Maschinenstillstand?
6. Hat er genügend Erfahrung?	6. Arbeitet sie ausreichend genau?
7. Ist der Arbeitsplatz für ihn geeignet?	7. Verursacht sie ungewöhnliche Geräusche?
8. Ist er verbesserungswillig?	8. Ist das Maschinenlayout richtig?
9. Bemüht er sich um gute zwischen-menschliche Beziehungen?	9. Reicht die Zahl der Maschinen aus?
10. Ist er gesund?	10. Ist alles in richtiger Ordnung?

Material	(Arbeits-)Methode
1. Gibt es Abweichungen im Volumen?	1. Gibt es geeignete Arbeitsstandards?
2. Gibt es Abweichungen in der Qualität?	2. Wurde der Arbeitsstandard angehoben?
3. Ist es die richtige Marke?	3. Ist die Methode sicher?
4. Weist es Verunreinigungen auf?	4. Gewährleistet die Methode ein gutes Produkt?
5. Ist die Höhe des Umlaufs richtig?	5. Ist die Methode effizient?
6. Wird Material verschwendet?	6. Ist die Abfolge der einzelnen Arbeits-schritte sinnvoll?
7. Ist der Materialtransport der richtige?	7. Ist die Aufstellung richtig?
8. Wird ausreichend auf den Umlauf geachtet?	8. Sind die Methoden aufeinander abgestimmt?
9. Ist das Materiallayout geeignet?	9. Werden die Methoden beherrscht und angewendet?
10. Ist der Qualitätsstandard ausreichend?	10. Gibt es genügend Kontakt zum vor- und nachgelagerten Prozess?

Messen	„Milieu" (Umfeld)
1. Gibt es geeignete Messverfahren?	1. Ist das Umfeld geeignet?
2. Genügen die Messverfahren den Anforderungen der Prozesse?	2. Ist die Beleuchtung ausreichend?
3. Wird regelmäßig gemessen?	3. Ist die Lüftung (Ventilation) ausreichend?
4. Ist das Messgerät in tadellosem Zustand?	4. Gibt es störende Erschütterungen?
5. Wird das Messgerät regelmäßig überprüft?	5. Passen Temperatur und Feuchtigkeit?
6. Ist die Anzahl der Messgeräte ausreichend?	6. Ist die Atemluft sauber?
7. Ist die Messung ausreichend genau?	7. Gibt es Schwankungen der Umfeld-bedingungen?
8. Ist die Messung effizient?	8. Gibt es genügend Pausenräume?
9. Ist genug Zeit, um die Messung durchzuführen?	9. Stimmt das Arbeitsklima?
10. Werden die Messdaten dokumentiert?	10. Gibt es Gelegenheit, sich mit Kollegen und Vorgesetzten auszutauschen?

Bild 27: *Die 6-M-Checkliste*

Quelle: In Anlehnung an Imai, M.: Kaizen – Der Schlüssel zum Erfolg der Japaner, 2. Auflage, Ullstein Verlag, Berlin u. a. 1993, S. 279 f.

Aktivitäten auf gruppenorientiertes Kaizen ausweiten

Die Verbesserungsaktivitäten werden auf Gruppen ausgeweitet. In Qualitätszirkeln (Q-Zirkeln) und anderen Arbeitsgruppen können die Mitarbeiter ihre Erfahrungen austauschen und Probleme, die einen größeren Arbeitsbereich betreffen, gemeinsam lösen. Qualitätszirkel werden durch die folgenden Punkte gekennzeichnet:

▶ Freiwillige Teilnahme
▶ Fünf bis 12 Teilnehmer pro Zirkel
▶ Ablauf: Einmal pro Woche mindestens eine Stunde während der Arbeitszeit in einem geeigneten Raum
▶ Moderation der Q-Zirkel durch ausgebildete Moderatoren, die aus der Belegschaft kommen
▶ Themen: Jedes Problem, das den Arbeitsbereich des Zirkels betrifft. Die Zirkelmitglieder wählen die Themen selbst aus, z. B. aus den folgenden Bereichen:
   • Maschinenbezogene Technik
   • Organisatorische Verfahren
   • Produktbezogene (Qualitäts-)Fragen
   • Personelle Überlegungen (z. B. kollegiales Verhalten)
   • Arbeitsabläufe und Zusammenarbeit mit Nachbarbereichen (interne Kunden)

 Nutzen Sie die Gruppenarbeit auch, um in Schulungen erlernte Methoden und Techniken gezielt anzuwenden. Beschränken Sie den Einsatz von Qualitätszirkeln nicht auf die Werkerebene, wenden Sie sie vielmehr auf allen Ebenen und in allen Bereichen an. Die Zirkelleiter sollten sich in regelmäßigen Abständen in einer Koordinationsgruppe zusammensetzen, um über die Erfolge und Probleme in den Zirkelgruppen zu berichten und Moderationstechniken zu trainieren.

2.11 Prozessorientierung – interne Kunden-Lieferanten-Verhältnisse pflegen

WORUM GEHT ES?

Prozessorientierung bedeutet, dass nicht die Ergebnisse, sondern die Prozesse im Vordergrund stehen. Die Qualität der Ergebnisse wird als natürliche Folge der Prozessqualität angesehen, die wiederum entscheidend von den verwendeten Methoden abhängt. Schlechte Ergebnisse, z. B. Fehlteile, geben einen Hinweis darauf, dass die verwendeten Methoden oder die Prozessgestaltung ungeeignet ist und verändert werden muss. Auf der anderen Seite weisen Erfolge auf die richtige Methodenwahl hin. Der Ansatzpunkt, um die Produktqualität zu steigern, liegt nicht beim Produkt selbst, sondern beim Prozess. Die ständige Verbesserung (vgl. Prinzip 10) verfolgt genau diese Prozessorientierung, sie setzt bei der Ursache an – am Prozess.

Wird die Prozessorientierung beharrlich verfolgt, kommt es zu einer Veränderung der nach Funktionen aufgeteilten Organisation hin zu einer Prozessorganisation, die die organisatorische Abbildung des Konzepts der ständigen Verbesserung ist. Zunächst werden die Barrieren zwischen den Funktionen Schritt für Schritt beseitigt, bis die funktionale Aufbauorganisation schließlich aufgelöst wird: Es werden nicht mehr einzelne Funktionsbereiche optimiert, sondern die quer durch die Funktionen verlaufenden Prozessketten ständig verbessert. Eine Prozesskette besteht aus mehreren Prozessen, die wiederum aus einer Folge von wiederholt ablaufenden Aktivitäten mit messbarer Eingabe, Wertschöpfung und Ausgabe bestehen. Sämtliche Mitarbeiter stehen in so genannten internen Kunden-Lieferanten-Verhältnissen:

Der in der Bearbeitungskette Nachfolgende ist der Kunde des vorherigen Arbeitsganges, außerdem ist er Lieferant für seinerseits nachfolgende Arbeiten.

WAS BRINGT ES?

Die Prozessorientierung berücksichtigt den natürlichen Verlauf des Wertschöpfungsprozesses im Unternehmen und unterstützt die Kundenorientierung (vgl. Prinzip 5): Für jede Produktreihe existiert eine Prozesskette, die zu einer organisatorischen Einheit zusammengefügt wird, auch wenn sie über mehrere Funktionen verläuft. Die Anforderungen des externen Kunden können so, organisatorisch unterstützt, entlang der internen Kunden-Lieferanten-Beziehungen durchgehend bis zur Quelle der Prozesskette gelangen. Somit werden die Anforderungen aller internen Lieferanten letztlich durch den externen Kunden bestimmt und nicht etwa durch Vorgesetzte aus verschiedenen Funktionsbereichen.

In funktional gegliederten Organisationen werden häufig einzelne Funktionsbereiche auf Kosten anderer optimiert. Demgegenüber bilden in der Prozessorganisation die an der Herstellung eines Produkts beteiligten Mitarbeiter eine organisatorische Einheit; eine Verbesserung dieser Einheit ist gleichbedeutend mit der Verbesserung des gesamten Prozesses – Insellösungen werden vermieden.

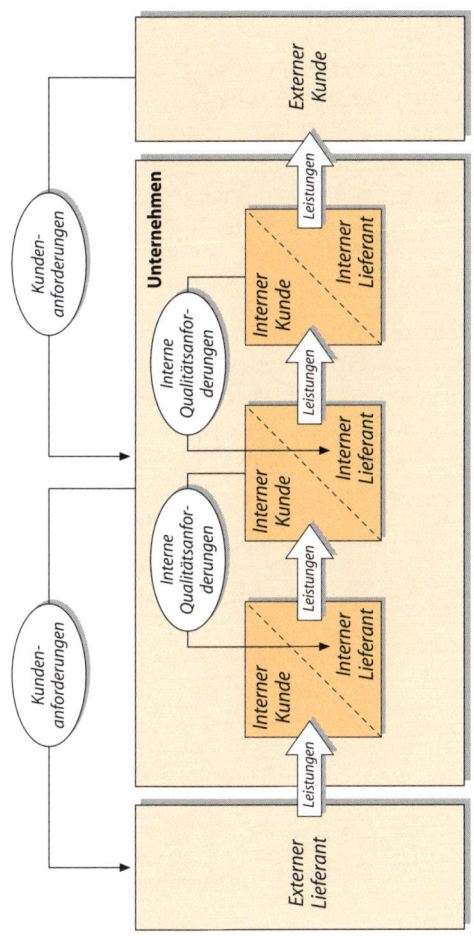

Bild 28: *Internes Kunden-Lieferanten-Verhältnis in der Wertschöpfungskette*

WIE GEHE ICH VOR?

Die Umsetzung der Prozessorientierung erfolgt mit Hilfe des Prozessmanagements, einem Konzept, das Anfang der 80er Jahre entwickelt wurde. Es umfasst planerische, organisatorische und kontrollierende Maßnahmen zur Steuerung der Unternehmensprozesse mit dem Ziel, die Prozessqualität zu verbessern. Folgende Schritte sind durchzuführen:

Prozesse und Prozessketten bestimmen und aufzeichnen

Ein fachübergreifend zusammengesetztes Team bestimmt alle Prozesse und Prozessketten und zeichnet sie mit Hilfe von Flussdiagrammen auf. Prozesse, die keine Kunden aufweisen oder deren Kunden die erbrachte Leistung nicht weiterverwenden, werden aufgelöst.

 Es gibt mehrere Typen von Flussdiagrammen, einigen Sie sich zu Beginn der Aufzeichnungen auf einen einheitlichen Standard. Bild 29 zeigt die wichtigsten in Flussdiagrammen verwendeten Symbole.

	Abgerundetes Rechteck	Start-/Endpunkt eines Prozesses
	Rechteck	Im Prozessschritt durchzuführende Tätigkeit
	Sechseck	Druchzuführende Prüfung
	Diamant	Verzweigung im Prozessablauf
	Doppeltes Rechteck	Unterprozess
	Kreis	Verknüpfung zu anderem Prozess
	Dokument/Dokumente	Symbole für jede Art von Daten

Bild 29: *Wichtige Symbole für die Erstellung von Flussdiagrammen*

Prozessverantwortlichkeit festlegen

Den aufgezeichneten Prozessen werden Prozessverantwortliche, so genannte „Prozessbesitzer", zugeordnet, die in der Lage sein müssen, die komplexen Wirkungszusammenhänge ihrer Prozessketten zu überblicken. Der Prozessbesitzer plant, organisiert und überwacht die folgenden Schritte und unterstützt die Mitarbeiter bei Bedarf.

Bild 30 zeigt, dass die Aufgaben eines Prozessverantwortlichen und eines Qualitätsmanagers nahe beieinander liegen.

	Aufgaben beim Aufbau eines prozessorientierten QM-Systems	Aufgaben bei der dauerhaften Umsetzung eines prozessorientierten QM-Systems
Qualitätsmanager	• Projektleitung zum Aufbau des QM-Systems • Koordination der Prozessteam-Meetings zur Ausarbeitung der Prozesse • Abstimmung der Qualitätspolitik sowie der Qualitätsziele mit den Prozesszielen	• Aktualisierung der QM-Dokumentation und laufende Kommunikation an die Mitarbeiter • Planung und Durchführung der internen Audits zur Sicherstellung der Einhaltung der Vorgaben • Bewertung der Wirksamkeit des QM-Systems
Prozessverantwortlicher	• Moderation der Prozessteam-Meetings zur Ausarbeitung der Prozesse • Dokumentation der Prozessabläufe • Berücksichtigung der zutreffenden Normforderungen im Soll-Prozess	• Schulung des Prozessteams und Sicherstellung der Prozesseinhaltung • Messung des Prozessziels und Sicherstellung der Zielerreichung • Verbesserungsideen zum Prozess entwickeln

Bild 30: *Unterteilung der Aufgaben des Qualitätsmanagers und des Prozessverantwortlichen (in Anlehnung an Wagner 2010)*

*Kunden-Lieferanten-Übergänge ermitteln
und Anforderungen klären*

Es werden zunächst die Nahtstellen sämtlicher Prozessketten ermittelt. Nahtstellen ergeben sich aus den internen Kunden-Lieferanten-Übergängen. Die internen Lieferanten setzen sich mit ihren Kunden zusammen; gemeinsam klären sie die Anforderungen an die zu erbringende Leistung, legen messbare Qualitätsmerkmale fest und bestimmen die Messverfahren. Auf diese Weise wird sichergestellt, dass die Lieferanten ausschließlich nachgefragte Leistungen erbringen und dass die Leistungsfähigkeit gemessen werden kann.

 Die Durchführung der internen Kunden-Lieferanten-Gespräche kann sehr wirkungsvoll durch die Qualitätstechnik Quality Function Deployment (QFD) unterstützt werden (vgl. Prinzip 9).

Prozessbeherrschung herstellen

Sämtliche Prozesse werden kontinuierlich durch Kaizen-Aktivitäten verbessert (vgl. Prinzip 10). Ziel ist es, alle systematischen Fehler und deren Ursachen abzustellen. Ist dies nicht möglich, müssen zumindest die Fehlerauswirkungen beherrscht werden. Die ständige Verbesserung wird parallel zum folgenden Schritt weitergeführt.

Prozessregelung betreiben

Wenn der Prozess durch die Maßnahmen der ständigen Verbesserung so stabil ist, dass die vereinbarten Qualitätsanforderungen erfüllt werden können, wird er durch kontinuierliche Beobachtung und gegebenenfalls notwendige

Korrekturen in diesem Zustand gehalten. Für Fertigungssysteme bietet sich die statistische Prozessregelung an (vgl. Prinzip 9). Für Geschäftsprozesse eignen sich Beobachtungs- und Berichtssysteme zwischen Kunden und Lieferanten unter Verwendung geeigneter Qualitätskennzahlen.

2.12 Schlankes Management – Lean Management anwenden

WORUM GEHT ES?

Die synonymen Begriffe Lean Production und Lean Management wurden im Rahmen des Internationalen Motor Vehicle Programms (IMVP) geprägt, einer Studie, die in der Zeit von 1985 bis 1990 vom Massachusetts Institute of Technology (MIT) in der Automobilindustrie durchgeführt wurde. Lean Production beschreibt ein Organisations- und Produktionsmodell, das das Management im Hinblick auf Ziele wie Qualität, Produktivität, Flexibilität und Mitarbeitermotivation unterstützt.

Ziel des Lean Management ist es, Bestände und Puffer aller Art abzubauen bzw. zu vermeiden, wie z. B. Zwischenlager, Reparaturflächen und Ersatzpersonal für Abwesende. Puffer und Bestände verdecken Probleme und bilden ein Sicherheitsnetz für Störungen, die häufig als unvermeidlich angesehen werden. Es wird im letzteren Falle von einer üppigen (buffered) Produktionsmanagementmethode gesprochen, die Fehler auffangen kann und deshalb beruhigend wirkt, aber unnötige und hohe Kosten durch vorgehaltene Puffer erzeugt. Dazu einige Beispiele:

▶ Der einzelne Arbeitsplatz ist weit gehend anonym und eintönig, der daraus resultierende hohe Krankenstand wird durch vorgehaltenes Ersatzpersonal aufgefangen.

▶ Materialbestände sind über den gesamten Produktionsprozess verteilt, um Maschinenausfälle und Qualitätseinbrüche aufzufangen. Bei Vergrößerung der Probleme werden eher die Puffer ausgebaut, als dass die Probleme für die Zukunft nachhaltig abgestellt werden.

▶ Maschinen- und Bandarbeiter brauchen sich um die Qualität ihrer Arbeit nicht sonderlich zu bemühen, da gesonderte Prüfer und Mängelbeseitiger für die Qualität verantwortlich sind. Für die Wartung der Maschinen gibt es hauptberuflich eingesetzte Spezialisten.

▶ Reparaturflächen und -mannschaften werden vorgehalten, sie untergraben das Bemühen und die Notwendigkeit, Erzeugnisse „gleich richtig", d. h. fehlerfrei, herzustellen.

Eine „schlanke" Organisation verzichtet auf das beschriebene Sicherheitsnetz. Sie behandelt nicht die Auswirkungen der Fehler, sondern sucht deren Ursachen, beseitigt sie nachhaltig und schafft das Problem so dauerhaft aus der Welt. Sie lebt nicht mit Fehlern, sondern hat vielmehr gelernt, deren Ursachen zu beseitigen – ganz im Sinne einer Null-Fehler-Strategie, die eine Voraussetzung der Just-in-Time-Fertigung ist, in der ohne Puffer fertigungssynchron angeliefert und montagegerecht gefertigt wird.

Die Null-Fehler-Forderung beschreibt die organisatorisch-technische Seite des Lean Management: Maschinen und Abläufe laufen weit gehend störungsfrei und ohne Sicherheitsnetz. Die zweite Seite ist menschlicher Art: Das Können und Wollen der gesamten Belegschaft ersetzt das Sicherheitsnetz aus Puffern. Dadurch tritt Können an die Stelle von Kapital. Von besonderer Bedeutung ist dabei ein partnerschaftliches Verhältnis zwischen Vorgesetzten und Mitarbeitern (vgl. Prinzip 4). Die menschliche Seite kann durch folgende Punkte charakterisiert werden:

▶ Die Vorgesetzten geben den ausführenden Mitarbeitern so viel Verantwortung und Entscheidungskompetenz wie möglich. Maschinen- und Bandarbeiter sind verantwortlich für Qualität (Selbstprüfung), Materialanforderungen sowie Wartung, Verfügbarkeit und Sauberkeit der Maschinen.

▶ Es besteht ein umfassender und offener Informationsaustausch zwischen Vorgesetzten und Mitarbeitern, der es ermöglicht, schnell auf Fehler zu reagieren und die Situation des Unternehmens einzuschätzen.

▶ Die Mitarbeiter sind in übersichtlichen Arbeitsgruppen organisiert, dadurch wird die Teambildung gefördert. Jeder wird gebraucht und fühlt sich unentbehrlich. Es fällt auf, wenn ein Kollege fehlt, da es zu Produktionseinschränkungen kommen kann, gegenwirkend springen kurzfristig die Kollegen ein.

▶ Die Vorgesetzten unterstützen ihre Mitarbeiter: Sie schaffen eine Arbeitsorganisation mit Teamverantwortung, organisieren Schulungen, stellen nötige Ressourcen zur Verfügung und entwickeln ein unterstützendes Umfeld.

WAS BRINGT ES?

Die Einsparungsmöglichkeiten sind abhängig von der Größe der vorgehaltenen Puffer. Nach der IMVP-Studie des MIT halten üppige Unternehmen bis zu 20 Prozent der Fabrikfläche und 25 Prozent der gesamten Arbeitszeit für Fehlerbeseitigung vor. Bei der Interpretation dieser Zahlen muss beachtet werden, dass nicht nur der Aufwand für die Fehlerbeseitigung, sondern auch die Fehlleistung selbst eingespart werden kann. Außerdem ergeben sich weitere Einsparungen durch drastische Verringerung der Lagerflächen und -bestände, dadurch wiederum wird beinahe zwangsläufig die Materialdurchlaufzeit verkürzt.

Wird der gesamte Ressourcenverzehr (Aufwand) innerhalb eines Unternehmens betrachtet, können werterhöhende von wertneutralen und wertmindernden Tätigkeiten unterschieden werden; Bild 31 verdeutlicht deren prozentuale Anteile bei üppigen Unternehmen:

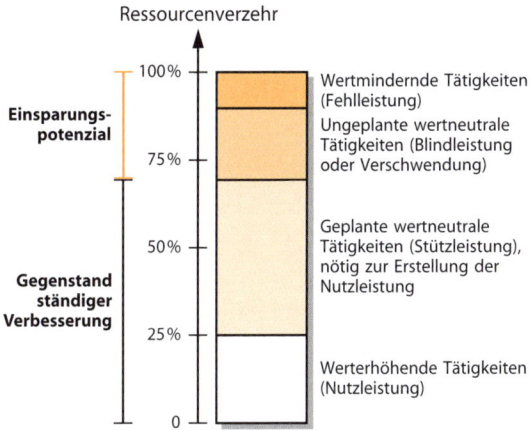

Bild 31: *Anteile werterhöhender, wertneutraler und wertmindernder Tätigkeiten in üppigen Unternehmen*

Einsparen lassen sich der gesamte wertmindernde Anteil (Fehlleistung) und die ungeplanten wertneutralen Tätigkeiten. Darüber hinaus kann auch die Nutz- und Stützleistung durch verbesserte Methoden und Techniken ständig optimiert werden (vgl. Prinzip 14).

WIE GEHE ICH VOR?

Wer nicht die Möglichkeit hat, „auf der grünen Wiese" ein schlankes Unternehmen zu gründen, muss einen Weg vom üppigen zum schlanken Unternehmen finden. Der Übergang erfolgt in der Regel stufenweise. Wie beschrieben, werden Probleme durch Puffer verdeckt. Das grundsätzliche Vorgehen verläuft nach einem einfachen Schema:

„Puffer und Bestände aufspüren und schrittweise verringern, bis erste Probleme auftreten, Problemursachen ermitteln und nachhaltig abstellen, anschließend Bestände weiter abbauen. Parallel dazu Erfahrungen sammeln und die Problemlösungsfähigkeit fortlaufend erhöhen."

Im Einzelnen sind folgende Schritte durchzuführen:

Vorhandene Bestände und Puffer ermitteln

▶ Materiallager Kaufteile, Zwischenmateriallager,
▶ Lager für Halbfertig- und Fertigprodukte,
▶ Reparaturflächen,
▶ Mängelbeseitiger, Nacharbeiter, Sortierer und
▶ Ersatzpersonal.

Klären, welche Probleme von einzelnen Beständen verdeckt sein könnten

Die sieben Qualitäts- und sieben Managementwerkzeuge (Q7 und M7, vgl. Prinzip 9) sind ausgezeichnet dafür geeignet, um herauszufinden, welche Probleme von einzelnen Beständen verdeckt sein könnten. Alle Beteiligten werden auf die erwarteten Probleme hingewiesen.

Bestände schrittweise reduzieren

Treten die vorhergesehenen Probleme tatsächlich auf, werden sie zu einer Bestätigung; es besteht kein Grund, sie zu verbergen. Das Gleiche gilt für zusätzlich auftretende Fehler: Sie zu erkennen kommt einer Entdeckung gleich.

 Ersatzpersonal, Mängelbeseitiger und Nacharbeiter sollten nicht entlassen werden. Gerade Mängelbeseitiger und Nacharbeiter sind häufig hoch erfahren und qualifiziert, sie können als Mitglieder in Problemlösungsgruppen einen wertvollen Beitrag leisten.

Probleme aufzeichnen, sammeln und einer eingehenden Ursachenuntersuchung unterziehen

Problemlösungsteams fragen nicht nur einmal „warum?", sondern fünfmal, da die erste Antwort häufig nicht die wahre Problemursache offen legt. Durch mehrmaliges Hinterfragen wird die wahre Ursache gefunden, die es zu entfernen gilt.

 Es sollte Mechanismen geben, die die nachhaltige Ursachenbekämpfung beim Auftreten eines Fehlers erzwingen: Bei einem Autohersteller ist beispielsweise jeder Bandarbeiter berechtigt, bei Problemen das Band anzuhalten und erst wieder weiterlaufen zu lassen, wenn die Ursache des Problems beseitigt ist. Natürlich stand das Band in der Anfangsphase häufig still. Als die Arbeitsgruppen jedoch Erfahrungen darin sammelten, Probleme zu erkennen und bis zu ihrer letzten Ursache zurückzuverfolgen, begann die Anzahl der Fehler drastisch zu sinken – heute wird das Band kaum noch angehalten.

2.13 Benchmarking – von anderen lernen

WORUM GEHT ES?

Innerhalb des Benchmarking werden eigene Produkte, Dienstleistungen und Unternehmensprozesse mit denen der weltbesten Unternehmen verglichen. Dabei geht es nicht nur darum, herauszufinden, was andere Unternehmen erfolgreich macht – das steht bei den klassischen Wettbewerber-Beobachtungen und Betriebsvergleichen im Vordergrund. Benchmarking ist vielmehr eine Methode der ständigen Verbesserung (vgl. Prinzip 10): Durch den Vergleich mit anderen wird ein systematischer Lernprozess im Unternehmen angestoßen, der das eigene Leistungsvermögen weiterentwickelt.

Als Vergleichspartner und Vorbild kommen Unternehmen in Frage, die einen zu untersuchenden Prozess, ein Produkt oder eine Dienstleistung hervorragend beherrschen. Die Auswahl ist über alle Branchen und Märkte hinweg möglich – eine Beschränkung auf Konkurrenzunternehmen findet nicht statt.

WAS BRINGT ES?

Das Benchmarking unterstützt den Prozess der ständigen Verbesserung und das Zielplanungssystem des Unternehmens (vgl. Prinzipien 8 und 10). Im Einzelnen bewirkt es Folgendes:

▶ Anhand der Vergleiche mit Vorbildern können herausfordernde und zugleich erreichbare Ziele gesetzt werden. Die Zielplanung basiert auf Fakten.
▶ Die Kenngrößen (Benchmarks) können als Leitsterne der Geschäftspolitik verwendet werden.

▶ Der Betriebsblindheit wird entgegengewirkt, der Blick nach draußen erweitert die Perspektive. Neue Entwicklungen werden frühzeitig erkannt.

▶ Durch den Vergleichspartner steht ein reales Bild zur Verfügung, das aufzeigt, was möglich und erreichbar ist.

WIE GEHE ICH VOR?

Die folgenden Punkte werden von einer Gruppe durchgeführt, die direkt der Geschäftsleitung unterstellt ist. Die Gruppe ist aus Mitarbeitern verschiedener Fachgebiete zusammengesetzt und repräsentiert die wichtigsten Bereiche des Unternehmens.

Vergleichsobjekt und Vergleichsunternehmen auswählen

Als Vergleichsobjekt kommt grundsätzlich jede Leistung in Frage, sofern sich eine messbare Kennzahl (Benchmark) bestimmen lässt, dies können Produkte, Dienstleistungen oder Prozesse sein. Die Vergleichsunternehmen sollten in der gewählten Leistung eine Spitzenposition einnehmen.

Leistungen bewerten

Es werden die eigenen Leistungen und die der gewählten Vergleichspartner mit Hilfe von Kennzahlen bewertet. Gerade bei einem Vergleich von Unternehmensprozessen müssen die Abläufe und Wirkungszusammenhänge im eigenen Hause bekannt sein. Die Leistungsbewertung der Vergleichsunternehmen sollte zu diesem Zeitpunkt auf Basis der folgenden Quellen erfolgen:

▶ Literatur (Geschäftsberichte, Erfahrungsberichte, Fachartikel, Studien etc.),

▶ eigene Experten (Marktforschungsergebnisse, Wettbewerbsvergleiche etc.) sowie

▶ interne Berichte und Verfahrensanweisungen der Vergleichspartner – sofern zugänglich. Gewinner anerkannter Qualitätspreise stellen ihre Vorgehensweisen Interessenten zur Verfügung.

Bei dieser ersten Analyse ausgewählter Unternehmen ist eine Untersuchung vor Ort noch nicht nötig. Erst wenn das beste Unternehmen hinsichtlich der überprüften Leistung ermittelt ist, werden Kontakte zu diesem Unternehmen aufgenommen. Dieses Unternehmen wird „Best-in-Class-Unternehmen" genannt.

Leistungslücken aufdecken und Ursachen ermitteln

Die Leistungslücken und deren Ursachen werden, wenn möglich, gemeinsam mit dem Best-in-Class-Unternehmen ermittelt. Folgende Fragen sollten dabei beantwortet werden:

▶ Wie groß ist die Leistungslücke zwischen dem eigenen Unternehmen und dem des Vergleichspartners, gemessen in Einheiten der gewählten Kennzahl?

▶ Warum ist der Vergleichspartner besser?

▶ Mit welchen Methoden und Techniken erreicht der Vergleichspartner seine vorbildliche Leistung?

▶ Wie können die Methoden und Techniken auf das eigene Unternehmen übertragen werden?

*Zukünftige Leistungsstandards festlegen –
Ziele und Maßnahmen planen*

Auf Grundlage der ermittelten Leistungslücken und deren Ursachen können mögliche Verbesserungen in Form von Zielen formuliert werden. Der angestrebte Zustand sollte bildhaft beschrieben werden, das Vergleichsunternehmen kann hierbei als Vorbild dienen. Jedoch müssen die eigenen Unternehmens- und Branchenbedingungen berücksichtigt werden, dies gilt insbesondere für die Planung der Maßnahmen zur Erreichung des Ziels und für verwendete Methoden und Techniken. Ferner ist der angestrebte Zustand nicht durch das Vorbild des Vergleichspartners beschränkt, er kann durchaus über dessen Leistungsfähigkeit hinausgehen. Die Verteilung von Zielen und Maßnahmen auf die Verantwortungsbereiche und Hierarchieebenen wird dem Policy Deployment entsprechend durchgeführt (vgl. Prinzip 8).

- Verdeutlichen Sie die Leistungslücken und den Handlungsbedarf vor der Zielplanung gegenüber allen Mitgliedern der Unternehmensleitung. Wegen der oftmals weit reichenden Veränderungen ist deren Unterstützung bei der Umsetzung der Maßnahmen unbedingt nötig (vgl. Prinzip 2).
- Nutzen Sie die Erfahrung des Vergleichspartners bei der Planung geeigneter Ziele und Maßnahmen.
- Beteiligen Sie die Mitarbeiter, die die Maßnahmen umsetzen, schon in der Planungsphase.

Maßnahmen umsetzen

Die Verbesserungsmaßnahmen sollten von der Gruppe umgesetzt werden, die auch die Planung durchgeführt hat.

Umsetzungsmaßnahmen in regelmäßigen Abständen überprüfen

Die Fortschritte der Umsetzungsmaßnahmen werden mit Hilfe der Kennzahlen regelmäßig überprüft – bei Planungsabweichungen werden die Ursachen ermittelt und korrigierende Maßnahmen eingeleitet.

Den gesamten Benchmarking-Prozess überprüfen

Nach Umsetzung der Maßnahmen wird der gesamte Benchmarking-Prozess hinterfragt. Fördernde und hemmende Faktoren sollten dokumentiert und bei zukünftigen Benchmarking-Aktivitäten berücksichtigt werden. Der eigene Leistungsanspruch sollte ständig steigen, so dass das eigene Unternehmen bald selbst zu den Besten gehört.

Beachten Sie, dass sich auch das Vergleichsunternehmen weiterentwickelt. Nutzen Sie die bestehenden Kontakte für weitere Benchmarking-Projekte.

2.14 Qualitätscontrolling – Verbesserungsmöglichkeiten erkennen und Fortschritte messen

„WORUM GEHT ES?"

Finanz- und Wirtschaftlichkeits-Daten, wie sie vom Controlling bisher ermittelt wurden, sind gute Indikatoren, um die finanzielle Situation und die Wirtschaftlichkeit eines Unternehmens zu bewerten. Sie sind statisch und machen eine Momentaufnahme der aktuellen Lage, ohne jedoch eine Aussage über die zukünftigen Auswirkungen zu treffen: Eine Entscheidung kann heute aus wirtschaftlichen Gesichtspunkten richtig sein, jedoch negative Auswirkungen auf die Wettbewerbsfähigkeit von morgen haben.

Rückschauende Wirtschaftlichkeits-Indikatoren sind wenig geeignet, um Aussagen über die zukünftige Wettbewerbsfähigkeit oder zur strategischen Ausrichtung eines Unternehmens zu treffen; für die langfristige Entwicklungsplanung werden dynamische, prozessorientierte Betrachtungsweisen benötigt, die die ständige Weiterentwicklung und Verbesserung der methodischen, technischen und sozialen Prozesse des Unternehmens berücksichtigen: Ein Qualitätscontrolling muss deshalb sowohl die Prozess- und Innovationsfähigkeit berücksichtigen als auch Kunden, Mitarbeiterzufriedenheit, Ausbildungsstand u. Ä.

WAS BRINGT ES?

Wirtschaftlichkeits-Indikatoren sind vergangenheits- und gegenwartsorientiert, sie hemmen Vorhaben mit zukunftsorientiertem Nutzen – auch die Einführung von TQM. Das Qualitätscontrolling, mit einer prozessorientierten Betrachtungsweise, behebt diesen Mangel: Entscheidungen orientieren sich nicht länger hauptsächlich an der Wirtschaftlichkeit, sondern immer mehr an der langfristigen Wettbewerbsfähigkeit.

Das traditionelle Controlling steuert und kontrolliert das Unternehmen: Es wird überprüft, ob Vorhaben „sich rechnen" bzw. Mitarbeiter vorgegebene Richtwerte einhalten; dadurch orientiert sich das Verhalten der Mitarbeiter an wirtschaftlichen Vorgaben – die „Stimme des Kunden" wird überhört. Durch das Qualitätscontrolling stehen qualitätsförderliche Aspekte, und damit die Kunden, im Mittelpunkt (vgl. Prinzip 5).

WIE GEHE ICH VOR?

Notwendigkeit des Qualitätscontrolling verstehen

Die Führung trifft Entscheidungen u. a. auf Grundlage von Informationen, die sie vom Controlling erhält. Durch die neue Sichtweise des TQM, die Qualität als übergeordnetes Unternehmensziel betrachtet, müssen der Führung Informationen zur Verfügung stehen, die eine qualitätsorientierte Entscheidungsfindung unterstützen. Das Qualitätscontrolling sollte folgende vier Perspektiven beachten:

▶ Kundenperspektive (vgl. Prinzipien 5 und 11) – wie sehen die Kunden das Unternehmen?
▶ Mitarbeiterperspektive (vgl. Prinzip 4) – was denken die Mitarbeiter über das Unternehmen?
▶ Prozessperspektive (vgl. Prinzipien 8, 9, 11 und 13) – wie gut sind die Prozesse?
▶ Finanzperspektive – schlägt sich die fortschreitende TQM-Realisierung in den Unternehmensergebnissen nieder?

Ein prozessorientiertes Controllingkonzept setzt sich aus den Phasen Wirkungserfassung und Wirkungsbewertung zusammen und basiert auf der Annahme, dass sich die Wirkungen von der untersten bis zur höchsten Prozessebene im Unternehmen (d. h. bottom-up) ausbreiten. Bild 32 zeigt ein entsprechendes Vorgehen (Jochem 2010).

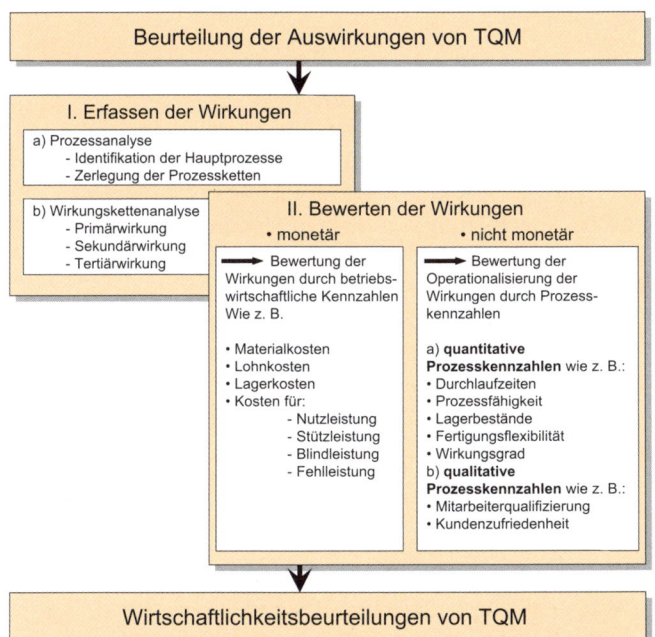

Bild 32: *Vorgehen zur Erfassung und Bewertung der Wirtschaftlichkeit (Jochem 2010)*

Benötigte Informationen (Kennzahlen) festlegen

Unter der Federführung des Controlling und des Qualitätswesens wird ein Team aus Mitgliedern verschiedener Fachbereiche gebildet. In Gruppenarbeit wird festgelegt, welche Informationen (Daten) für eine qualitätsorientierte Entscheidungsfindung benötigt werden. Dabei orientiert man sich an folgenden vier Perspektiven:

▶ Kundenperspektive:
  • Kundenzufriedenheitskennzahlen
  • Anzahl der Reklamationen und Beschwerden
  • Dauer der Reklamationsbearbeitung bis zur Zufriedenstellung des Kunden
  • Zahlenverhältnis von Neu- zu Stammkunden
  • Lieferzeit und -pünktlichkeit
▶ Mitarbeiterperspektive:
  • Mitarbeiterzufriedenheitskennzahlen
  • Fluktuationsrate, Krankheitsstand
  • Anzahl umgesetzter Verbesserungen
  • Höhe der Fort- und Weiterbildungsinvestitionen
▶ Prozessperspektive:
  • Maschinen- und Prozessfähigkeitsindizes (vgl. Prinzip 9)
  • Neuprodukt-Entwicklungszeiten
  • Aufwendungen für Forschung und Entwicklung
  • Ausmaß von Puffern und Beständen (vgl. Prinzip 12)
  • Durchlaufzeit von Aufträgen
▶ Finanzperspektive:
  • traditionelle Kennzahlen wie Umsatz, Gewinn, Kosten, Rentabilitäten, Marktanteile etc.

*Die Selbstbewertung (Self-Assessment)
bei der Datenerhebung anwenden*

Für die Datenerhebung stehen verschiedene Methoden zur Verfügung. Da die Indikatoren des Qualitätscontrolling die Leistungsfähigkeit des gesamten Unternehmens kennzeichnen sollen, bietet sich eine vollständige Selbstbewertung („Self-Assessment") an. Dazu werden die Kriterienkataloge anerkannter Qualitätsauszeichnungen, wie der European Quality Award, als TQM-Referenzmodell verwendet. Die Leistungsfähigkeit des Unternehmens wird hinsichtlich der Kriterien des gewählten TQM-Modells bewertet, das Controlling und das Qualitätswesen/der Qualitätsbeauftragte übernehmen dabei die Federführung.

- Zusätzlich zu den Kriterien sind bei Qualitätsauszeichnungen auch Bewertungsrichtlinien bekannt. Wenn Sie diese anwenden, können Sie die Leistungsfähigkeit des Unternehmens mit den Anforderungen des gewählten TQM-Modells vergleichen; dadurch werden Stärken und Schwächen deutlich.
- Sie können die Selbstbewertung auch für eine „interne Qualitätsliga" nutzen, die den Bereich bzw. die Gruppe mit dem besten Verbesserungsprozess kürt und die höchsten Verbesserungsraten auszeichnet.

Nutz-, Stütz-, Blind- und Fehlleistungen systematisch ermitteln

Um die Leistungsfähigkeit der Prozesse, und damit des gesamten Unternehmens, zu bestimmen, sollten für sämtliche Prozesse Nutz-, Stütz-, Blind- und Fehlleistungen ermittelt werden, die sich folgendermaßen unterscheiden:

▶ Nutzleistungen beinhalten alle geplanten wertschöpfenden Prozesse.

▶ Als Stützleistung werden sämtliche Prozesse bezeichnet, die die Nutzleistung bei der Wertschöpfung unterstützen, damit das geplante Ergebnis der Prozesse erreichbar wird; sie erhöhen den Wert eines Produktes nicht.

▶ Die Unvollkommenheit der geplanten Wertschöpfungskette führt zu ungeplanten Prozessabschnitten, die als Blindleistung bezeichnet werden.

▶ Fehlleistungen entstehen ungeplant aufgrund nicht fähiger Prozesse.

Ausgehend von der Bestimmung der vier Leistungsarten in den Prozessen, lassen sich beträchtliche wertschöpfungsorientierte Verbesserungsmöglichkeiten aufdecken. Das belegen verschiedene Studien, nach denen der wertschöpfende Anteil, d. h. die Nutzleistung im Unternehmen, vielfach nicht mehr als 25 Prozent der Gesamtleistung beträgt (vgl. Prinzip 12).

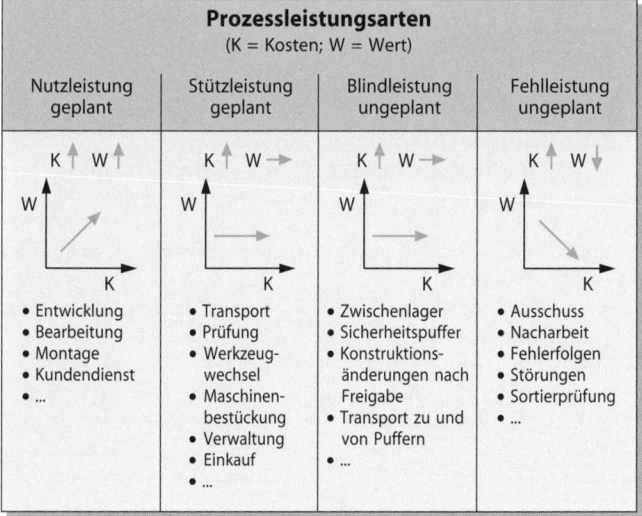

Bild 33: *Die vier Prozessleistungsarten: Nutz-, Stütz-, Blind- und Fehl-leistungen*

Bilden Sie Teams für jeden Prozess aus den zugehörigen Mitarbeitern und erklären Sie ihnen die vier Leistungsarten. Anschließend ordnen die Teammitglieder ihre Tätigkeiten den Leistungsarten zu. Dadurch können Verbesserungsmöglichkeiten aufgedeckt und innerhalb der ständigen Verbesserung genutzt werden.

Literatur

Alle Pocket-Power-Bände, siehe hintere innere Umschlagseite.

2.1 Neue Sichtweise verinnerlichen – Qualität als oberstes Unternehmensziel begreifen

Bruhn, M.: Qualitätsmanagement für Dienstleistungen, 8. Auflage, Springer Verlag, 2011.

Kamiske, G. F.: Die Hohe Schule des Total Quality Management, Springer Verlag, 1994.

Kamiske, G. F. (Hrsg.): Unternehmenserfolg durch Excellence, Carl Hanser Verlag, München u. a. 2000.

Kamiske, G. F. (Hrsg.): Der Weg zur Spitze, 2. Auflage, Carl Hanser Verlag, München u. a. 2000.

Kamiske, G. F., Brauer, J.-P.: Qualitätsmanagement von A bis Z, 7. Auflage, Carl Hanser Verlag, 2011.

Malorny, Chr.: Total Quality Management Umsetzen, Schäffer Poeschel Verlag, 1998.

Malorny, Chr.: TQM umsetzen, 2. Auflage, Schäffer Poeschel Verlag, Stuttgart 2000.

Masing, W.: Handbuch Qualitätsmanagement, Hrsg. v. Pfeifer, Th., Schmitt, R., 5. Auflage, Carl Hanser Verlag, 2007.

McKinsey & Company (Hrsg.): Qualität, Brand Eins Verlag, 2007.

Pfeifer, T.: Qualitätsmanagement – Strategien, Methoden, Techniken, 3. Auflage, Carl Hanser Verlag, München u. a. 2001.

Scherkenbach, W. W.: The Deming Route to Quality and Productivity, 10. Auflage, CEEPress Books, Washington D. C. 1990.

2.2 Engagement der Geschäftsführung – die Rolle des Vorbilds ausfüllen

Deming, W. E.: Out of the Crisis, MIT-Press, 1986.

Deming, W. E.: The New Economics, MIT-Press, Cambridge 1993.

Doppler, K., Lauterburg, Ch.: Change Management, Campus Verlag, Frankfurt/Main u. a. 1994.

Höhler, G.: Götzendämmerung, Heyne Verlag, 2010.

Kamiske, G. F. (Hrsg.): Rentabel durch TQM, Springer Verlag, Berlin u. a. 1995.

Kamiske, G. F. (Hrsg.): Unternehmenserfolg durch Excellence, Carl Hanser Verlag, München u. a. 2000.

Kamiske, G. F., Brunklaus, J.: Führen mit Piff!, Lehmanns Media, 2010.

Masing, W.: Handbuch Qualitätsmanagement, Hrsg. v. Pfeifer, Th., Schmitt, R., 5. Auflage, Carl Hanser Verlag, 2007.

Sprenger, R.: Mythos Motivation, Campus Verlag, 2010.

Waterman, R. H., Peters, Th. J.: In Search of Excellence, Warner Books, 1982.

2.3 Führungskräfteentwicklung – Fähigkeiten der Führungskräfte fördern

Corsten, H., Gössinger, R.: Dienstleistungsmanagement, 5. Auflage, Oldenbourg Verlag, 2007.

Hesse, J., Schrader, Chr.: Die Neurosen der Chefs, Eichborn Verlag, Frankfurt/Main 1994.

Kamiske, G. F. (Hrsg.): Unternehmenserfolg durch Excellence, Carl Hanser Verlag, München u. a. 2000.

Laufer, H.: Grundlage erfolgreicher Mitarbeiterführung, Gabal Verlag, 2010.

Malik, F.: Was alle Manager brauchen: Das Standardmodell erfolgreicher Führung, Campus Verlag, 2010.

Mallek, M.: Total Quality Management (TQM) als Qualitätsphilosophie, Grin Verlag, 2009.

Müller, U. R.: Schlanke Führungsorganisationen – Die neuen Aufgaben des mittleren Managements, WRS Betriebs-Praxis, Planegg 1995.

2.4 Mitarbeiterorientierung – Fähigkeiten der Mitarbeiter entfalten

Bühner, R.: Der Mitarbeiter im Total Quality Management, Schäffer Poeschel Verlag, Stuttgart u. a. 1993.

Haller, R.: Mitarbeiterführung kompakt: Grundlagen, Praxistipps, Werkzeuge, Midas Verlag, 2009.

Kamiske, G. F. u. a.: Bausteine des innovativen Qualitätsmanagements, Carl Hanser Verlag, München u. a. 1997.

Kratz, H.-J.: Chef-Checkliste Mitarbeiterführung, 8. Auflage, Walhalla Verlag, 2010.

Rothlauf, J.: Total Quality Management in Theorie und Praxis, 3. Auflage, Oldenbourg Verlag 2010.

Sprenger, R.: Mythos Motivation, Campus Verlag, 2010.

Waterman, R. H., Peters, Th. J.: In Search of Excellence, Warner Books, 1982.

Zink, K. J.: Qualitätswissen, Springer Verlag, Berlin u. a. 1997.

2.5 Kundenorientierung – den Kunden in den Mittelpunkt stellen

Bellabarba, A., Radtke, P., Wilmes, D.: Managementvon Kundenbeziehungen, in: Reihe Pocket Power, hrsg. v. Kamiske, G. F., Carl Hanser Verlag, München u. a. 2002.

Binner, H. F.: Prozessmanagement von A bis Z, Carl Hanser Verlag, 2010.

Brunner, F. J.: Qualität im Service, Carl Hanser Verlag 2010.

Höhler, G.: Wettspiele der Macht, Econ Verlag, Düsseldorf u. a. 1994.

Saatweber, J.: Kundenorientierung durch Quality Function Deployment, Carl Hanser Verlag, München u. a. 1997.

Zollondz, H.-D.: Grundlagen Qualitätsmanagement, 3. Auflage, Oldenbourg Verlag, 2011.

2.6 Lieferantenintegration – Fähigkeiten der Lieferanten fördern und nutzen

Gembrys, S., Herrmann, J.: Qualitätsmanagement, 2. Auflage, Rudolf Haufe Verlag, 2008.

Herrmann, J., Fritz, H.: Qualitätsmanagement, Carl Hanser Verlag, 2011.

Kassebohm, K., Malorny, Chr.: Brennpunkt TQM, Schäffer Poeschel, 1994.

Stocker, S., Radtke, P.: Supply Chain Quality, in: Reihe Pocket Power, hrsg. v. Kamiske, G. F., Carl Hanser Verlag, München u. a. 2000.

2.7 Strategische Ausrichtung auf Basis von Grundwerten und festem Unternehmenszweck – ohne gemeinsame Werte geht es nicht

Collins, J. C., Porras, J. I.: Visionary Companies – Visionen im Management, Harper Paperbacks, 1995.

Collins, J. C., Porras J. I.: Built to Last: Successful Habits of Visonary Companies, Harper Paperbacks, 2002.

Hinterhuber, H. H.: Strategische Unternehmensführung: 1. Strategisches Denken, 5. Auflage, Springer Verlag, Berlin u. a. 1992.

Waterman, R. H., Peters, Th. J.: In Search of Excellence, Warner Books, 1982.

2.8 Ziele setzen und verfolgen – Ziele und Maßnahmen vertikal und horizontal planen

Akao, Y.: Hoshin Kanri – Policy Deploymentfor Successful TQM, Massachusetts 1991.

Collins, B., Huge, E.: Management by Policy – How Companies Focus

Their Total Quality Efforts to Achieve Competitive Advantages, Milwaukee 1993.

Conti, T.: Building Total Quality, Chapman & Hall, 1993.

Füermann, T., Dammasch, C.: Prozessmanagement, 3. Auflage, Carl Hanser Verlag, 2008.

King, B.: Hoshin Planning, The Developmental Approach, Goal QPC, Methuen 1989.

Linß, G.: Qualitätsmanagement für Ingenieure, 3. Auflage, Fachbuchverlag Leipzig im Carl Hanser Verlag, 2011.

2.9 Präventive Maßnahmen der Qualitätssicherung – Fehler vermeiden

Graebing, K.: Wörterbuch Qualitätsmanagement, 2. Auflage, Beuth Verlag, 2010.

Kamiske, G. F. (Hrsg.): Unternehmenserfolg durch Excellence, Carl Hanser Verlag, München u. a. 2000.

Kostka, C., Kostka, S.: Der Kontinuierliche Verbesserungsprozess, 5. Auflage, Carl Hanser Verlag, 2011.

Theden, Ph., Colsmann, H.: Qualitätstechniken, 4. Auflage, Carl Hanser Verlag, 2005.

Zollondz, H.-D.: Lexikon Qualitätsmanagement, 2. Auflage, Oldenbourg Verlag, 2011.

2.10 Ständige Verbesserung auf allen Ebenen – Kaizen anwenden

Al-Radhi, M.; Heuer, J.: Total Productive Maintenance, Carl Hanser Verlag, München u. a. 2002.

Füermann, T., Dammasch, C.: Prozessmanagement, Carl Hanser Verlag, München u. a. 2002.

Imai, M.: Kaizen – Der Schlüssel zum Erfolg der Japaner im Wettbewerb, 2. Auflage, Ulstein, Berlin u. a. 1993.

Kamiske, G. F.: Die Hohe Schule des Total Quality Management, Springer Verlag, 1994.

Kamiske, G. F., Brauer, J.-P.: Qualitätsmanagement von A bis Z, 7. Auflage, Carl Hanser Verlag, 2011.

Kostka, C., Kostka, S.: Der Kontinuierliche Verbesserungsprozess, 5. Auflage, Carl Hanser Verlag, 2011.

Radtke, P., Wilmes, D.: European Quality Award, Carl Hanser Verlag, München u. a. 2002.

2.11 Prozessorientierung – interne Kunden-Lieferanten-Verhältnisse pflegen

Eversheim, W. (Hrsg.): Prozessorientierte Unternehmensorganisation, Springer Verlag, Berlin u. a. 1995.

Füermann, T., Dammasch, C.: Prozessmanagement, 3. Auflage, Carl Hanser Verlag, 2008.

Gaitanides, M. u. a. (Hrsg.): Prozessmanagement, Carl Hanser Verlag, München u. a. 1994.

Hammer, M., Champy, J.: Reengineering im Management, Campus Verlag, Frankfurt/Main u. a. 1995.

Schmitt, R., Pfeifer, Th.: Qualitätsmanagement, 4. Auflage, Carl Hanser Verlag, 2010.

2.12 Schlankes Management – Lean Management anwenden

Drew, J., McCallum, B., Roggenhofer, S.: Unternehmen Lean: Schritte zu einer neuen Organisation, Campus Verlag, 2005.

Gorecki, P., Pautsch, P.: Lean Management, Carl Hanser Verlag, 2010.

Kamiske, G. F.: Als TQM nach Deutschland kam …, Lehmanns Media, 2010.

Liker, J. K., Meier, D. P.: Praxishandbuch Der Toyota Weg: Für jedes Unternehmen, Finanzbuch Verlag, 2007.

Ohno, T., Stotko, E., Hof, W.: Das Toyota-Produktionssystem, Campus Verlag, 2009.

Shingo, S.: Das Erfolgsgeheimnis der Toyota Produktion, Moderne Industrie, Lansberg/Lech1992.

Womack, J. P., Jones, D. T., Roos, D.: Die zweite Revolution in der Autoindustrie, 7. Auflag, Campus Verlage 1992.

2.13   Benchmarking – von anderen lernen

Mertins, K., Kohl, H.: Benchmarking: Leitfaden für den Vergleich mit den Besten, Symposium Publishing, 2009.

Schmitt, R., Pfeifer, Th.: Qualitätsmanagement, 4. Auflage, Carl Hanser Verlag, 2010.

Siebert, G., Kempf, S.: Benchmarking. Leitfaden für die Praxis, 3. Auflage, Carl Hanser Verlag, 2008.

Watson, G. H.: Benchmarking – vom Bestenlernen, Moderne Industrie, Landsberg/Lech 1993.

2.14   Quälitätscontrolling – Verbesserungsmöglichkeiten erkennen und Fortschritte messen

Bruhn, M., Georgi, D.: Kosten und Nutzen des Qualitaätsmanagements, Carl Hanser Verlag, München u. a. 1999.

Franke, H.-J., Pfeifer, T.: Qualitätsinformationssysteme, Carl Hanser Verlag, München u. a. 1998.

Horváth, P., Urban, G.: Qualitätscontrolling, Schäfer Poeschel Verlag, Stuttgart u. a. 1990.

Jochem, R.: Was kostet Qualität?, Carl Hanser Verlag, 2010.

Kamiske, G. F.: Rentabel durch TQM, Springer Verlag, 1995.

Magnusson, K., Kroslid, D., Bergman, B.: Six Sigma umsetzen, Carl Hanser Verlag, München u. a. 2001.

Tomys, A.-K.: Kostenorientiertes Qualitätsmanagement, Carl Hanser Verlag, 1995.

Weiterführende Standardwerke zu TQM

Bruhn, M.: Qualitätsmanagement für Dienstleistungen, 8. Auflage, Springer Verlag, 2011.

Deming, W. E.: Out of the Crisis, MIT-Press, 1986.

Graebing, K.: Wörterbuch Qualitätsmanagement, 2. Auflage, Beuth Verlag, 2010.

Jochem, R.: Was kostet Qualität? Wirtschaftlichkeit von Qualität ermitteln, Carl Hanser Verlag, 2010.

Kamiske, G. F.: Die Hohe Schule des Total Quality Management, Springer Verlag, 1994.

Kamiske, G. F.: Als TQM nach Deutschland kam ..., Lehmanns Media, 2010.

Kamiske, G. F., Brauer, J.-P.: Qualitätsmanagement von A bis Z, 7. Auflage, Carl Hanser Verlag, 2011.

Malorny, Chr.: Total Quality Management Umsetzen, Schäffer Poeschel Verlag, 1998.

Masing, W.: Handbuch Qualitätsmanagement, Hrsg. v. Pfeifer, Th., Schmitt, R., 5. Auflage, Carl Hanser Verlag, 2007.

Wagner, K. W., Käfer, R.: Prozessorientiertes Qualitätsmanagement, Carl Hanser Verlag, 2010.

Waterman, R. H., Peters, Th. J.: In Search of Excellence, Warner Books, 1982.

Womack, J. P., Jones, D. T., Roos, D.: Die zweite Revolution in der Autoindustrie, 7. Auflag, Campus Verlage, 1992.

Zink, K. J.: TQM als integratives Managementkonzept, Carl Hanser Verlag, 2004.

Zollondz, H.-D.: Grundlagen Qualitätsmanagement, 3. Auflage, Oldenbourg Verlag, 2011.

Zollondz, H.-D.: Lexikon Qualitätsmanagement, 2. Auflage, Oldenbourg Verlag, 2011.

Für Einsteiger und Experten

Müller-Prothmann, Dörr
**Innovationsmanagement
Strategien, Methoden und
Werkzeuge für systematische
Innovationsprozesse**
3. Auflage. 128 Seiten
€ 9,99
ISBN 978-3-446-43931-3

Auch als E-Book erhältlich
€ 7,99
E-Book-ISBN 978-3-446-43933-7

Dieses Buch vermittelt praxisnahes Wissen für ein systemati-
sches Innovationsmanagement. Dazu gehören Erkennen und
Bewerten zukünftiger Trends, Entwickeln und Umsetzen einer
umfassenden Innovationsstrategie, Generieren, Sammeln und
Bewerten von Ideen sowie ihre Umsetzung in marktfähige
Produkte, das Nutzen von Kreativitätspotenzialen sowie das
Zusammenarbeiten in Innovationsnetzwerken. Werkzeuge
und Methoden für die Unterstützung des gesamten Innova-
tionsprozesses werden sowohl für den Einsteiger wie für den
Experten verständlich dargestellt.